소중한 ______________ 님께

이 책을 선물합니다.

______________ 드림.

카네기
자녀 코칭

100년 전통 코칭의 원조 데일 카네기가
최초로 말하는 자녀교육법

카네기 자녀 코칭

초판 1쇄 발행 2012년 12월 12일
초판 3쇄 발행 2013년 9월 30일

지은이 어거스트 홍
펴낸이 유정연

책임편집 김세원
기획편집 김소영 최창욱 장지연 **전자책** 이정 **디자인** 신묘정 이애리
마케팅 조민호 최현준 **제작부** 문정윤 **경영지원** 박승남

펴낸곳 흐름출판 **출판등록** 제313-2003-199호(2003년 5월 28일)
주소 서울시 마포구 서교동 464-41번지 미진빌딩 3층(121-842)
전화 (02)325-4944 **팩스** (02)325-4945 **이메일** book@hbooks.co.kr
홈페이지 http://www.hbooks.co.kr **블로그** blog.naver.com/nextwave7
출력·인쇄·제본 (주)현문 **용지** 월드페이퍼(주)

ISBN 978-89-6596-052-2 13590

• 흐름출판은 독자 여러분의 투고를 기다리고 있습니다. 원고가 있으신 분은 book@hbooks.co.kr로
간단한 개요와 취지, 연락처 등을 보내주세요. 머뭇거리지 말고 문을 두드리세요.
• 파손된 책은 구입하신 서점에서 교환해 드리며 책값은 뒤표지에 있습니다.

이 도서의 국립중앙도서관 출판시도서목록(CIP)은 e-CIP홈페이지(http://www.nl.go.kr/ecip)와 국가자료공동목록시스템(http://www.nl.go.kr/kolisnet)에서 이용하실 수 있습니다. (CIP제어번호 : CIP2012005354)

살아가는 힘이 되는 책 흐름출판은 막히지 않고 두루 소통하는 삶의 이치를 책 속에 담겠습니다.

카네기

100년 전통 코칭의 원조 데일 카네기가 최초로 말하는 자녀교육법

자녀 코칭

어거스트 홍 지음

: 한국 카네기 연구소 청소년본부장 :

흐름출판

일러두기

이 책에 등장하는 학생들의 이름은 가명을 쓴 것입니다.

"사랑하는 내 아내 전수민과
내 딸 홍세리에게 이 책을 바칩니다."

비전 있는 아이,
행복한 아이가 성공한다!

문화 기획 일을 하는 내 후배가 저명한 노 교수와 프로젝트를 진행하게 되었다고 한다. 그런데 그 교수가 의외로 학벌을 꽤 따진다는 것을 알고 조심스레 그 이유를 물어보았단다.

"진보적인 분으로 알려진 교수님께서 학벌을 많이 따지시니 정말 의외입니다. 교수님이라면 학벌이 아니라 인성을 보실 줄 알았습니다."

그랬더니 교수가 웃으며 이렇게 대답했다.

"학벌 좋은 애들이 인성도 좋아."

내 후배가 어리둥절한 표정을 짓자 교수가 덧붙였다.

"인성이라는 게 단순히 '착한 심성'만을 의미하는 건 아니지 않나. 성실성, 자기주도성, 자기조절능력, 문제해결능력 등도 다 인성에 포함되는 건데, 따지고 보면 공부를 잘한다는 건 결국 이런 인성을 갖췄다는 뜻 아니겠어?"

내 보기에 이 교수의 말은 반은 맞고 반은 틀렸다. 학업능력과 인성이 서로 밀접하게 연관되어 있다는 것은 맞지만, 공부 잘하면 인성도 좋다고 볼 수는 없다. 그보다는 인성이 좋으니까 공부도 잘하는 것이라 봐야 옳다.

예전에는 교수의 말마따나 인성이 아닌 학업능력을 인재의 기준으로 삼았다. 인성과 학업능력이 서로 밀접한 연관이 있다면, 상대적으로 평가하기 어려운 인성보다 학업능력을 살피는 것이 더 효율적이라 생각했기 때문이다. 그러나 이제 시대가 변했다. 서울대를 비롯한 주요 대학들이 앞다투어 인성평가를 강화한 새로운 입시안을 발표하기 시작했다. 배려, 협동심, 책임감, 성실성 등 소위 '좋은 심성'이라 불리는 덕목들과 준법성, 자기주도성, 리더십, 자신감, 의사소통능력, 문제해결능력, 비판적 사고력 등을 고루 평가해 신입생을 선발하겠다는 것이다.

공부만 시키면 인성은 문제될 게 없다는 생각에서 벗어나 이제는 인성부터 바로잡아야 공부도 제대로 시킬 수 있다는 인식으로 바뀌고 있다. 자전거를 탈 때 뒷바퀴를 움직이면 앞바퀴는 저절로 구르는 것처럼, 바른 인성을 갖고 있으면 학업능력은 저절로 키워진다. 그런데 부모들은 이제까지 아이의 인성보다는 학업능력에만 주목해왔다. 자전거의 뒷바퀴는 그대로 둔 채 앞바퀴만 구르게 하려고 안간힘을 쓴 것이다. 부모가 뒤에서 힘껏 밀어주면 어쨌든 자전거는 굴러간다. 하지만 부모가 언제까지나 자전거 뒤를 밀어줄 수는 없는 일이다. 뒷바퀴에 동력이 전달되지 않은 자전거는 결국 앞으로 나아가지 못한다.

우리 아이는 지금 어떤 자전거에 타고 있는가. 부모가 뒤에서 밀어줘야 가까스로 움직이는 자전거에 타고 있지는 않은가? 인성이라는 뒷바퀴가 힘차게 동력을 전달하면서 학업능력이라는 앞바퀴까지 움직이게 하려면 지금까지와는 전혀 다른 교육법이 필요하다. 그것이 바로 이 책에서 다루게 될 '카네기 자녀 코칭'이다.

카네기 자녀 코칭의 뿌리는 전 세계 최고의 인재 양성소이자 인성교육의 바이블이라 불리는 데일 카네기 트레이닝이다. 데일 카네기 트레이닝은 지난 100년 간 전 세계 80개국, 25개 이상의 언어로 교육 컨설팅을 진행해왔으며, 약 800만 명 이상의 수료생을 배출했다. 미국 36대 대통령 린든 B. 존슨Lyndon Baines Johnson, 크라이슬러의 CEO 리 아이아코카Lido Anthony Iacocca, 메리어트 호텔 창업자 윌러드 메리어트J. Willard Marriott, 기업가 워렌 버핏Warren Edward Buffett 등이 카네기 트레이닝의 수혜자들이다.

국내에서는 1992년 한국 카네기 연구소가 설립된 이래 삼성 · LG · 현대 등의 대기업과 HP · IBM 등의 외국계 기업, 중소기업 임직원 등을 대상으로 리더십 교육을 진행해왔다. 또한 서울대 · 포항공대 · 고려대 · 이화여대 등 60개 대학에서도 카네기 트레이닝 프로그램의 우수성을 인정받아 교양과목으로 채택되었다. 근래에는 십대 청소년 교육 프로그램인 카네기 스쿨에서 한영외고 · 대원외고 · 명덕외고 등의 특목고와 대원국제중 · 오륜중 · 서울국제고 등의 수많은 아이들이 변화하여 부모들로부터 뜨거운 호응을 얻고 있다.

카네기 스쿨의 기본은 인성 함양이다. 성공하는 사람들이 공통적으로 갖고 있는 5가지 인성 요소, 즉 자신감 · 인간관계능력 · 커뮤니케이션 능력 · 리더십 · 스트레스 관리능력 등을 집중적으로 트레이닝한다. 이 5가지 인성 요소가 자전거의 뒷바퀴가 되어 잠재력이라는 앞바퀴에까지 동력을 전달하게끔 하는 것이다.

그런데 이 5가지 인성 요소에 한꺼번에 청신호를 밝혀줄 마법의 스위치가 있다. 그것이 바로 '비전'이다. 본문에서 더 자세히 설명하겠지만, 비전이란 '마감시한이 있는 꿈'이다. 특정한 미래의 내 모습에 대해 생생하고 강렬하고 구체적인 이미지를 그리는 것이 비전이다. 비전을 설정하고, 종이에 적고, 다른 사람들과 공유하는 것만으로도 변화는 시작된다. 그 변화가 얼마나 엄청난 것인지 나는 카네기 스쿨의 수많은 아이들을 통해 생생하게 느끼고 있다.

전교 400등 하던 아이가 전교 50등 안에 들겠다는 비전을 세운지 3개월 만에 전교 18등을 차지했다. 소심하고 자신감 없던 한 아이는 엔터테인먼트 회사 CEO가 되겠다는 비전을 세운 뒤로 전교 회장에 도전해 주변 사람들을 깜짝 놀라게 했다. 학교를 가지 않겠다고 버티며 홈스쿨링을 해오던 아이는 작곡가가 되겠다는 비전을 세운 뒤 미국 명문 음대에 진학하기 위해 자발적으로 학교로 돌아가 열심히 공부하고 있다. 많은 아이들이 마음속에 비전을 품은 이후 놀라운 변화를 경험하고 있다. 다소 비현실적이고 거창해보였던 비전일지라도 아이들은 하나씩 현실로 이루어가고 있다.

도대체 무엇이 이런 놀라운 기적을 만드는 것일까? 해답은 바로 자기주도성이다. 그간 학교와 부모에 떠밀려 꼭두각시처럼 살아오던 아이들이 비전을 갖게 된 뒤로는 뚜렷한 목표의식을 갖고 자기주도적으로 움직이게 되었다. 부모가 밀어주는 자전거를 거부하고 제 발로 페달을 밟기 시작한 것이다.

아이가 자기주도적으로 페달을 밟으면 그 동력이 '인성'이라는 뒷바퀴에 전달되고 다시 '학업능력'이라는 앞바퀴에까지 에너지를 전달한다. 성적을 올리겠다는 비전을 설정하지 않았더라도 자신의 비전을 향해 노력하는 과정에서 저절로 성적이 오르는 경우가 무척 많다. 비전 달성을 위해 노력하다 보면 기존의 잘못된 생활습관이나 마음가짐에 변화가 생길 수밖에 없고, 이것이 자연스레 성적 향상으로 이어지는 것이다.

비전 설정이 자기주도적인 변화를 가져오고, 이것이 인성을 고루 발달시키면서 아이의 잠재력을 키우고, 이를 통해 비전이 달성되면서 더 큰 잠재력을 갖게 되는 선순환. 카네기 스쿨을 통해 비전을 만난 수많은 아이들이 이미 이 선순환을 경험하고 있다.

이 책은 카네기 스쿨의 모든 노하우와 기적의 순간들에 관한 기록이다. 책에 언급된 수많은 변화와 기적의 사례들이 바로 우리 아이에게도 일어날 수 있다. 인성평가 위주의 새로운 입시 정책에 혼란스러워하고 있다면, 뚜렷한 목표의식을 갖고 자기주도적으로 삶을 이끄는 아이를 원한다면, 이 책이 해답을 줄 수 있으리라 자신한다.

카네기 스쿨을 통해 나는 어른들이 만들어낸 학력주의 사회가 우리 아이들에게서 얼마나 많은 꿈을 빼앗아갔는지, 그 속에서 아이들이 얼마나 무기력하게 살아왔는지 생생하게 목격했다. 그리고 비전을 만난 후 아이들이 얼마나 뜨거운 열정으로 자기 삶을 마주하게 되었는지도 목격했다. 비전 있는 아이, 행복한 아이가 성공한다. 부디 이 책을 통해 더 많은 아이들이 마음속에 빛나는 비전을 품고, 가슴 벅찬 열정을 갖게 되길 바란다.

이 책이 나오기까지 여러 가지로 애써주신 김세원 · 한진아 · 옥명호 님, 그리고 한국 카네기 연구소의 최염순 대표님과 카네기 스쿨 직원들, 특히 데일 카네기 씨에게 감사를 전한다.

2012년 12월

카네기 스쿨, 어거스트 홍

차례

Part 1 데일 카네기, 이제 자녀 코칭을 말하다

Part 2 카네기 자녀 코칭 1단계

현재 상황 파악하기

Part 3 카네기 자녀 코칭 2단계 비전 설정하기

Part 4 카네기 자녀 코칭 3단계

장애물 극복하기

Part 5 카네기 자녀 코칭 4단계

적절한 보상하기

1

Dale Carnegie Coaching for Teens

데일 카네기, 이제 자녀 코칭을 말하다

Dale Carnegie
Coaching for
Teens

인성시대, 아이보다
부모가 달라져야 한다

학력 위주의 사회,
우리 아이들의 어두운 현주소

일진, 왕따, 빵셔틀, 성폭행, 금품 갈취, 자살, 사이버폭력……. 하루가 멀다 하고 십대 아이들에 관한 끔찍한 뉴스들이 쏟아지고 있다. 이런 기사들에는 대부분 '무서운 십대', '심각한 십대 범죄' 등의 헤드라인이 걸려 있다. 그래서인지 요즘은 건장한 30대 남성도 교복 입은 십대들이 떼 지어 어슬렁거리면 멀리 돌아간다고 한다. 그야말로 모든 십대들이 '잠재적 범죄자' 취급을 당하는 시대다.

이런 분위기 속에서 얼마 전부터 학력 위주의 교육이 아이들을 병들게 한다는 목소리가 높아지는가 싶더니 이제는 인성교육을 요구하는 사회적 공감대가 폭넓게 형성되고 있다. 이에 따라 주요 대학들이 발 빠르게 움직이고 있다. 먼저 성균관대가 2013학년도 대입에서 인성평가 자문단을 구성해 수험생들의 인성을 입시에 반영하겠다고 발표한 데 이어 서울대 · 고려대 · 서강대 · 한양대 · 이화여대 · 건국대 등도 비슷한 방안을 내놓았다. 서울대는 자연계열 및 경영대학의 2013년 정시모집 논술을 면접으로 대체했고, 건국대학교는 1박2일 합숙 면접을 통해 인성평가를 강화할 예정이라고 밝혔다.

사실 학력에서 인성으로의 시대 변화는 이미 기업 일선에서 시작되고 있었다. 기업에서 원하는 인재상은 더 이상 '명문대 나와 스펙만 잘 쌓은 공부벌레'가 아니다. 조직 내 일원이 갖춰야 할 핵심능력, 즉 협동심, 커뮤니케이션 능력, 도전정신, 문제해결능력, 정보활용능력 등을 갖춘 사람이다. 취업자들의 스펙은 다 거기서 거기고, 결국 능력의 차이는 인성이 좌우한다는 것이다.

그런데 이런 사회 변화에 비해 부모들의 인식 변화는 너무 느리다. 이미 인성 중심의 사회로 돌아서고 있는데도 성적표에만 매달리는 부모들이 많다. 최근 들어 가장 충격적인 뉴스 중 하나였던 명문 의대생들의 집단 성추행 사건도 이런 학력주의와 무관하지 않다. 명문대학 의대생 세 명이 6년간 알고 지낸 여자 동기를 성추행하고 나체를 촬영했다. 이 와중에 '촉망받는 의대생들의 장래' 운운하며 가해 학생들을 감싸려 한 학교 측이 뭇매를 맞았고, 가해자의 어머니는 피해 여대생에게 인격 장애가 있다는 허위사실을 유포해 아들과 나란히 실형을 선고 받았다. 여론을 뜨겁게 달궜던 이 사건은 결국 가해 학생 전원이 실형 선고를 받고 출교 조치를 당함으로써 일단락됐다.

이 사건은 우리나라의 씁쓸한 교육 현실과 맞닿아 있다. 부모 세대는 "먼저 사람이 돼라"고 배웠다. 그렇게 자란 부모들이 자기 아이들에게는 "공부만 잘하면 된다"고 가르치고 있다. 어쩌면 명문 의대생들을 그렇게 만든 주범은 이 말 한 마디였는지도 모른다.

"넌 공부만 해. 나머지는 엄마가 다 해줄게."

그렇게 오로지 공부만 할 수 있게 '뒷바라지'해서 키운 아이들이 지금 어떻게 자랐나. 십대 범죄나 명문 의대생 성추행 사건이야 일부의 특수한 경우라 치자. 하지만 극히 평범한 아이들을 대상으로 한 각종 보고서들은 또 다른 충격적 결과들을 보여주고 있다.

2012년 5월 한국직업능력개발원에서 발표한 '중 · 고등학생의 적성 및 학습 시간 변화' 보고서에 따르면 지난 10년간 우리나라 중고생들은 10개의 적성 능력 중 유일하게 수리 · 논리력만 향상된 것으로 나타났다. 나머지 적성 능력, 즉 창의력, 언어능력, 자기성찰능력, 자연친화력 등은 연령 및 성별에 관계없이 모두 감소하거나 정체된 상태였다.

지난 2008년 한국투명성기구에서 실시한 우리나라 청소년 의식 설문조사 결과도 충격적이긴 매한가지다. '부자가 되는 것이 정직한 것보다 중요하다', '나를 잘 살게 해준다면 지도자들이 불법을 저질러도 좋다', '보는 사람이 없으면 법을 지키지 않아도 된다'에 찬성한다는 아이들이 각각 48%, 43%, 44.1%나 되었다. 이외에도 '성공을 위해서라면 뇌물을 줄 용의가 있다'는 30%, '10억을 준다면 교도소에서 10년 동안 살 수 있다'도 무려 17.7%나 됐다.

또한 청소년폭력예방재단이 발표한 '2011년 학교 폭력 트렌드 발표 및 대책 강화 촉구' 자료에 따르면 아이들은 일명 '빵셔틀(가해학생이 피해학생에게 빵 심부름을 시키는 일)'과 사이버폭력(인터넷이나 스마트폰에서 자행되는 언어폭력이나 따돌림)을 폭력 행위로 인식하지 못하는 것으로 나타났다. 빵셔틀이 폭력 행위가 아니라고 답한 아이들이 무려 46%였고, 사이버폭력이 폭력 행위가 아니라 답한 아이들도 34.9%에 이르렀다.

인성교육은 또 하나의 입시 과목?

이 조사 결과들은 학력주의 사회를 살아가는 우리 아이들의 심각한 인성 실태를 적나라하게 보여준다. 이런 상황에서 대학들이 면접과 입학사정관제 등으로 인성평가를 강화하겠다고 나서자 마음이 급해진 부모들은 '특단의 조치'에 나섰다. 바로 인성평가를 대비한 과외나 학원을 찾아 나선 것이다. 이미 인성 및 자신감, 스피치 능력 등을 내건 학원 시장 규모가 400억을 넘어섰고, 사교육의 메카 대치동에는 인성평가에 대비한 고액 그룹 과외가 성행하고 있다. 비싼 곳은 한 달 수업료가 수백만 원을 호가한다는 소식도 들려온다. 이러니 아이들 입장에서는 수학이나 영어처럼 '인성평가'라는 과목 하나가 더 생긴 셈이다. 내가 몸담고 있는 카네기 스쿨도 인성교육 기관이지만 면접관 질문에 대답하는 요령만 족집게 과외 하듯 가르치는 학원들을 보면 씁쓸함을 감출 수 없다.

얼마 전 우연히 본 태권도학원 현수막에는 '이제는 인성교육이 답이다. 인성교육은 태권도 학원에서'라는 글귀가 대문짝만하게 인쇄되어 있었다. 이제 인성 사교육 바람이 초등학생들에까지 몰아닥친 모양이다. 그런데 과연 사교육으로 인성교육이 얼마나 가능할까는 한번쯤 생각해볼 문제다.

기업체에서 인사담당자로 근무하던 시절, 학업능력은 뛰어나지만 배려, 협력, 의사소통능력, 문제해결능력 등 업무에 필요한 인성은 거의 갖추지 못한 입사 지원자들을 많이 봐왔다. 그때 나는 인성이란 단기 속성으로 만들 수 있는 게 아니라는 사실을 뼈저리게 깨달았다. 벼락치기 공부하듯 면접관 질문에 대한 답변만 줄줄 외워온 지원자와, 어릴 때부터 다양한 환경 속에서 갈등과 실패를 경험하고 그것을 스스로 해결하면서 인성을 갖춰온 지원자 사이에는 분명한 차이가 있었다. 다시 말해 인성교육은 가정과 부모의 주도하에 장기적인 안목으로 진행되어야 한다는 것이다. 부모의 올바른 의식변화도 선행되어야 하는 일이다.

물론 인성교육 학원을 통해 아이가 변화할 계기를 만들어줄 수는 있다. 카네기 스쿨에 온 아이들은 그간의 자신을 돌아보고, 새로운 목표를 세우고 어떻게 실천할 것인가 고민하면서 삶을 자기주도적으로 이끄는 훈련을 받는다. 그런데 문제는 아이들이 다시 가정으로 돌아가면 도루묵이 되는 경우가 많다는 것이다. 아무리 아이가 각성했다 하더라도 가정과 부모가 변화하지 않으면 소용이 없다. 우선 가정과 부모가 달라져야 아이도 달라진다.

〈우리 아이가 달라졌어요〉와 같은 아동 문제행동 개선 프로그램에는 한 가지 공통점이 있다. 발단은 아이의 문제행동이었지만 원인은 늘 부모에게 있고 해결도 부모에 달려 있다는 점이다. 인성교육도 이와 같다. 요즘 아이들의 인성이 형편없다고 개탄하지만 원인은 부모에게 있고, 해결도 부모가 해야 한다. 학원이나 과외로 해결하는 데는 분명 한계가 있다.

'이제는 인성시대!'

바람직한 일이다. 학력주의에서 벗어나 이제 인성으로 돌아가자는 캐치프레이즈는 환영할 만하다. 하지만 그 과정에서 부모들이 여전히 실수를 저지르고 있진 않은지 생각해보자. 인성은 수학이나 영어처럼 아이들 머리에 우겨넣을 수 있는 것이 아니다. 먼저 부모가 바뀌고 가정이 바뀌어야 한다. 변화해야 하는 것은 아이가 아니라 언제나 부모다.

인성과 잠재력을 키우는
카네기 자녀 코칭

100년 전통 코칭의 원조가 자녀 코칭을 말하다

"요즘 중고등학생 키우기가 어디 쉬운 일인가요? 그런데도 사춘기 아이를 키우는 부모들을 위한 정보가 거의 없어요."

"서점에 나가봐도 죄다 공부법이나 유학 성공담만 가득해요. 중고생 자녀를 어떻게 올바르게 키울지 알려주는 책들은 거의 없더라고요."

요즘 십대 아이들 키우는 부모들은 참 힘들다. 질풍노도의 시기인 아이들은 부모 말이라면 귓등으로도 안 듣고 유해환경은 넘쳐나는데,

이 와중에 인성평가는 강화된다고 한다. 그런데 어디에도 속 시원한 해법이 없다. 아동의 문제행동과 훈육을 다룬 육아서는 많아도 십대 청소년을 위한 것들은 찾아보기 힘들다.

바로 이런 점들 때문에 카네기 자녀 코칭 세미나에 매번 열렬한 호응이 쏟아지는 게 아닐까 생각한다. 카네기 자녀 코칭 세미나는 데일 카네기 트레이닝의 100년 전통 교육 노하우를 바탕으로 한국 카네기 연구소에서 만든 부모 교육 프로그램이다. 30개 이상의 학교에서 진행하여 십대 자녀를 둔 부모들로부터 뜨거운 반응을 얻은 바 있다.

사실 한국 카네기 연구소에서 먼저 운영한 것은 자녀 코칭 세미나가 아니라 청소년을 위한 카네기 스쿨이었다. 카네기 스쿨은 아이들에게 뚜렷한 목표를 갖게 하고 자기주도적 삶을 살도록 변화시키는 청소년 교육 프로그램으로, 한영외고, 대원외고, 명덕외고 등의 특목고와 대원국제중, 오륜중, 서울국제고 등에서 폭발적인 호응을 얻고 있다. 그런데 카네기 스쿨 프로그램으로 변화한 아이들 일부가 가정으로 돌아가 다시 예전과 같아지는 경우를 보면서 아이만 변화시키는 것으로는 부족하다는 생각을 하게 됐다. 아이가 변화하려면 부모가 변화해야 하고, 그러기 위해서는 부모 교육이 우선되어야 한다는 공감대가 형성되어 카네기 자녀 코칭 세미나가 만들어지게 된 것이다.

카네기의 자녀 코칭은 꿈도 목표도 없이 부모가 하라는 대로 꼭두각시처럼 살아가고 있는 요즘 십대들에게 자기주도적 삶을 살게 하는 데 목적이 있다. 이 과정에서 아이들은 공부에 치여 뒤로 밀어두었던 여러 잠재력들, 즉 의사소통능력, 리더십, 자신감, 스트레스 관리능력 등을 발휘하고 함양할 기회를 갖게 된다. 잠재력과 인성을 키워 뚜렷한 목표를 향해 달려가고, 목표를 달성함으로써 더 큰 잠재력과 인성을 갖게 하는 선순환이 바로 카네기 자녀 코칭의 핵심이다. 언뜻 들으면 매우 어렵고 복잡한 과정일 것 같지만 전혀 그렇지 않다. 아이와 함께하는 일상에서 누구라도 쉽고 간단하게 실천할 수 있는 방법들이다.

이 책은 카네기 자녀 코칭과 카네기 스쿨의 모든 노하우, 그리고 부모와 아이가 함께 만들어간 감동과 기적에 관한 기록이다. 자신의 삶을 사랑하고 주도하는 아이로 키우는 해법, 카네기 자녀 코칭과 함께라면 반드시 얻을 수 있다.

잔소리하는 엄마 vs 코칭하는 엄마

그렇다면 카네기 자녀 코칭에서 말하는 '코칭'이란 과연 무엇일까. 부모들은 '코칭'이라 하면 아이들에게 "이거 해라, 저건 하지 마라" 식으로 지시하고 가르치는 일이라 생각한다. 하지만 부모들이 생각하는 코칭은 엄밀히 말하면 코칭이 아니라 잔소리다.

아이가 묻지도, 원하지도 않았는데 부모가 지시하고 가르치는 것은 코칭이 아니라 잔소리다. 코칭은 아이보다 먼저 움직이지 않는다. 해결책은 아이가 찾고, 부모는 단지 적절한 리액션만 보이면 된다. 한마디로 정리하면 부모가 아이들 문제를 일방적으로 해결하려 들면 잔소리, 아이 스스로 답변을 찾게 하면 코칭이라는 말이다.

미국 유학 시절, 친하게 지내던 한국인 동생이 있었다. 그는 한국에서 고등학교를 마치고 미국에 건너와 수학을 전공하고 있었다. 다들 알다시피 우리나라 중고생들의 수학 실력은 미국 학생들과 비교해 매우 월등하다. 게다가 그는 고교시절 수학 올림피아드 입상 경력까지 있는, 소위 '수학 영재'였다. 그런 만큼 대학 1학년 내내 아주 우수한 성적을 거둘 수 있었다. 그런데 2학년 때부터 성적이 급락하기 시작했다. 1학년 때와 달리 원리를 파악하고 증명하라는 문제가 주로 출제된 탓에 공식을 대입해 푸는 문제들에만 강했던 그는 좋은 점수를 받지 못했던 것이다. 그는 한순간에 수학 영재에서 열등생으로 전락해 결국 학교를 그만두고야 말았다.

가끔 그를 떠올릴 때면 우리나라 주입식 교육의 어두운 그늘을 보는 것 같아 씁쓸하다. 현재 중고생 자녀를 둔 부모들도 바로 이런 주입식 교육을 받으며 자란 세대들이다. 자기 의견을 피력하거나 다른 사람의 의견을 존중하는 훈련은 별로 받지 못한 채 그저 책상에 가만히 앉아 선생님의 지시를 따르는 데만 익숙한 세대, 특히 대화를 통해 문제를 해결하는 능력을 기를 기회를 거의 갖지 못한 세대……. 그러다 보니 부모가 되어서도 아이와 대화를 나누는 데 서툴고, 그저 강압적인 지시 한 마디로 모든 문제를 해결하려는 경향이 있는 것이다.

내가 부모 강연에서 카네기 자녀 코칭을 설명하기 위해 종종 드는 예가 있다. 우리 누나의 오랜 친구가 유태인과 결혼해 아들을 낳고 살고 있다. 그런데 시부모님이 다섯 살배기 손자를 대하시는 방법이 아주 독특하다고 한다. 일주일에 한 번 전화를 걸어 옛날이야기를 해주시고, 그와 관련된 질문 하나를 던지신다는 것이다.

"자, 그럼 할아버지가 오늘 했던 질문에 대해 일주일 동안 잘 생각해보렴. 다음 주 이 시간에 할아버지가 다시 전화할 테니 그때 네 생각을 이야기해주면 된단다."

유태인의 가정교육이 세계적으로 우수하다고 평가받는 데는 그만한 이유가 있다. 유태인 할아버지는 손자에게 결코 정답을 가르쳐주는 일이 없다. 그저 생각할 거리를 던져주고, 손자가 답을 찾으면 귀 기울여 들어주고 격려해줄 뿐이다. 그러면서 다섯 살배기 손자는 문제를 스스로 해결하는 법을 체득한다. 이것이 바로 카네기 트레이닝에서 가장 이상적으로 생각하는 자녀 코칭이다.

하지만 우리나라 부모들의 양육 방식은 이와 사뭇 다르다. 아이에게 일주일 동안 생각할 기회를 주느니 곧바로 정답을 가르쳐주고 훈계하는 것이 훨씬 효율적이라 생각한다. 사실 야단치고 다그치면 변화는 빨리 나타난다. 아이가 방을 잔뜩 어지럽혀 놓았을 때 상황을 가장 빨리 해결하려면 잔소리를 퍼부으면 된다.

"방 꼴이 이게 뭐냐. 당장 안 치워? 열 센다. 그때까지 안 치우면 혼날 줄 알아!"

그러면 아이는 툴툴거리면서도 어쨌든 정리정돈을 시작한다. 하지만 이런 식으로 방을 치우게 한 효과는 며칠 가지 않는다. 일주일도 못 가 방은 원상 복귀될 테고, 엄마의 카운트다운은 다시 시작될 것이다. 이런 패턴이 늘 반복되는 것이다.

이럴 바엔 귀찮고 힘들고 빙 돌아가는 한이 있더라도 보다 근본적인 해결책을 마련해야 한다. 정리정돈에 관한 책들을 아이와 함께 읽고 정리정돈이 왜 필요한지, 그리고 정리하는 습관이 성적이나 인생 전반에 어떤 영향을 주는지 알게 하면, 아이에게 스스로 변화할 기회를 줄 수 있다.

잔소리는 곧바로 변화를 가져오는 듯 보이지만 근본적으로는 아무것도 변화시킬 수 없다. 반면 코칭은 당장 눈에 보이는 성과는 없어도 아이가 주도하는 변화라는 점에서 장기적으로 훨씬 현명하고 효과적인 방법이다. 결국 코칭이란 아이에게 이거 해라, 저거 해라, 잔소리하고 간섭하는 것이 아니라 아이 스스로 변화할 계기와 기회를 만들어주는 것이다.

모든 카네기 이론이 다 그렇듯 카네기 자녀 코칭 역시 구체적인 실천 단계들이 있다. 카네기 자녀 코칭은 현재 상황 파악하기 → 비전 설정하기 → 장애물 극복하기 → 보상하기 순으로 이루어진다.

1단계 **현재 상황 파악하기As is**

아이를 변화시키기에 앞서 아이의 현재 상황을 객관적으로 파악해야 한다. 아이의 성적에만 관심을 기울일 게 아니라 아이의 가능성, 고민, 스트레스 등 모든 상황을 다각도로 살펴본다.

2단계 **비전 설정하기should be**

아이가 현재 어떤 심리 상태이며 얼마만큼의 잠재력과 가능성을 갖고 있는지를 파악했다면 이제 어디로 이끌지를 결정해야 한다. 아이 스스로 목표를 세우고 자기주도적으로 삶을 이끌도록 돕는 단계다.

3단계 **장애물 극복하기Barriers**

목적지에는 반드시 장애물이 있게 마련이다. 우선 대화를 통해 아이가 무엇을 장애물로 생각하고 있는지를 파악하고, 아이 스스로 그것을 극복할 수 있도록 도와야 한다.

4단계 **보상하기Payout**

목표를 세우고 장애물을 극복하기 위해 노력해온 아이들에게 적절한 보상을 하는 단계다. 이를 통해 아이들은 또 다른 목표를 향해 달려갈 힘을 얻는다.

이 4단계를 충실히 따르면 부모와 아이 모두에게 있어서 변화가 시작된다. 내가 카네기 스쿨과 카네기 자녀 코칭 세미나를 통해 만났던 기적 같은 변화와 감동이 당신에게도 반드시 찾아올 거라 확신한다.

2

Dale Carnegie Coaching for Teens

카네기 자녀 코칭 | 1단계

현재 상황 파악하기

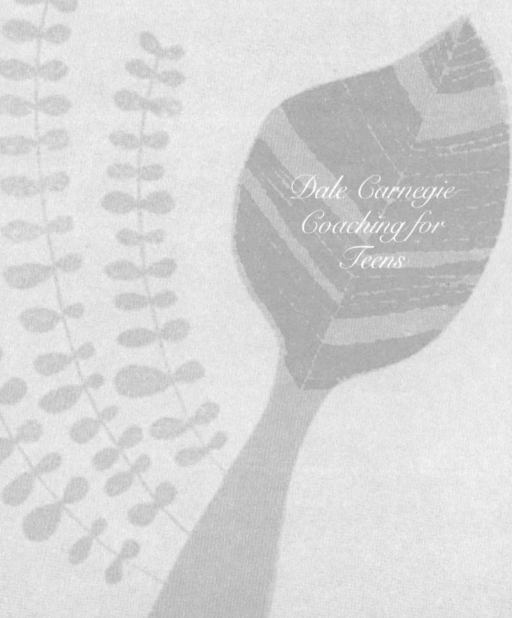

Dale Carnegie
Coaching for
Teens

당신은 아이에 대해 얼마나 알고 있습니까

성적표에는 아이의 현재 상태가 나오지 않는다

예전에는 초행길을 갈 때면 운전하랴 지도 보랴 쩔쩔매다가 그래도 안 되면 몇 번이고 차를 세워 길을 물어야 했다. 요즘은 그런 수고 없이도 빠르고 정확하게 목적지를 찾을 수 있다. 바로 내비게이션 덕분이다. 내비게이션이 길 안내를 할 때 가장 먼저 하는 일은 위성위치추적시스템, 즉 GPS로 나의 현재 위치를 파악하는 것이다. 만일 현재 위치를 알지 못한다면 제아무리 훌륭한 전자지도가 있어도 목표지점까지 찾아갈 수 없다.

이렇듯 목표에 도달하기 위해서는 나의 현재 위치부터 파악하는 것이 우선이다. 학원에서 학부모 면담 뒤 가장 먼저 하는 일은 소위 '레벨 테스트'다. 아이의 현재 실력을 알아보기 위해서다. 피트니스센터 트레이너들도 운동을 가르치기에 앞서 고객의 체질량지수와 기초체력부터 파악한다.

자녀 코칭에도 이와 같은 원리가 적용된다. 내비게이션이 길 안내 전에 GPS를 가동해 현재 위치부터 파악하는 것처럼, 학원에서 강의 전에 레벨 테스트를 통해 아이의 현재 실력부터 알아보는 것처럼, 일단 내 아이가 지금 어떤 상황에 있는지를 알아야 코칭이 가능하다. 부모가 아무리 아이를 코칭하려는 의지가 확고하고 목표가 뚜렷하다 해도 아이의 현재 상황을 모른다면 아무 소용이 없다. 마치 현재 체중도 정확히 모르면서 20kg을 감량한다며 달려드는 것과 같다.

그렇다면 아이의 현재 상황이란 정확히 무엇일까? 부모들에게 아이의 현재 상태에 대해 알고 있는지 물으면 이런 대답이 돌아온다.

"글쎄요. 반에서 중간 정도는 하는 것 같아요."

"수학 성적이 바닥이에요."

"곧잘 하긴 하는데 특목고 갈 성적은 못 돼요."

참 이상한 일이다. 분명 '아이의 현재 상황'에 대해 물었는데, 부모들은 '아이의 현재 등수'를 알려준다. 부모들에게 아이의 현재 상태는 성적과 동의어다.

그러나 '아이의 현재 상황'이 성적만을 의미하진 않는다. 성적뿐 아니라 건강 및 심리 상태, 스트레스 정도, 고민, 좋아하는 친구, 가치관, 꿈과 희망사항 등을 모두 포함하는 말이다. 성적이 아이의 현재 상황을 알려주는 절대적인 지표라면 고민할 필요가 전혀 없다. 성적표만 보면 되니까. 하지만 다른 상황들은 파악하기가 쉽지 않다. 알다시피 요즘은 아이들이 어른 못지않게 바쁘다. 온종일 학원 뺑뺑이를 돌다가 저녁에야 집에 돌아오고, 그나마도 휴일에는 컴퓨터나 스마트폰에 정신이 팔려 부모와는 눈 한번 맞추질 않으니 아이에 대해 도통 알 길이 없다.

그런데도 부모들은 자신이 아이에 대해 아주 잘 알고 있다고 확신한다. 내 배 아파 낳은 자식인데, 우린 한 가족인데, 모를 리 있느냐고 한다. 하지만 안타깝게도 부모들의 이런 확신은 대부분 착각이다.

내 배 아파 낳은 자식이니 내가 제일 잘 안다?

내가 카네기 스쿨 부모 상담 자리에서 가장 많이 듣는 말은 "우리 애가 그럴 줄은 정말 몰랐어요.", "우리 애가 그럴 리 없어요."다.

카네기 스쿨 아이들에게 가장 존경하는 인물이 누군지 적어보라고 하면 그야말로 다양한 대답이 쏟아진다. 헬렌 켈러, 스티브 잡스, 이순신, 세종대왕, 나폴레옹……. 놀라운 사실은 '엄마 아빠'라고 답한 경우가 무려 30%나 된다는 것이다.

"가족을 위해 힘들게 일하시는 모습이 존경스러워요."

"성실히 일하셔서 지금의 위치까지 오르신 아빠를 존경해요."

부모들에게 이 사실을 전하면 "에이, 설마요. 우리 애가 그럴 리가 없어요."라고들 한다.

"말 한마디만 건네도 짜증 나 죽겠다는 표정을 짓는데, 그런 애가 나를 존경한다고요?"

"아빠 말은 귓등으로도 안 듣는 녀석이 아빠를 존경해요? 딱히 떠오르는 위인이 없었나 보죠."

평소 아이가 내색하지 않았으니 부모가 속마음을 모르는 것도 당연한 일이겠다. 그런데 이렇게 아이에 대해 잘 알지도 못하면서 단지 부모라는 이유로 자식을 잘 알고 있다고 자신하는 것은 문제가 있다.

1년 전, 중학교 2학년 정우가 부모 손에 이끌려 카네기 스쿨에 왔다. 부산에서 올라온 정우는 부모의 이혼 이후 줄곧 아빠와 살고 있었고, 엄마는 홀로 서울에서 살았다. 정우는 소위 문제아였다. 친구들을 괴롭히고 담배까지 피웠다.

"이혼은 했어도 정우한테 나름대로 최선을 다했어요. 그런데 요즘 왜 저러나 모르겠어요. 초등학교 때까지만 해도 성실하고 공부도 꽤 잘했거든요."

"도대체 뭐가 불만인지 모르겠어요. 이젠 정말 가망이 없는 것 같아요."

엄마 아빠는 도무지 정우를 이해하지 못하겠다고 입을 모았다. 혹시나 해서 카네기 스쿨에 데려오긴 했는데 큰 기대는 하지 않는 눈치였다.

정우는 카네기 수업에 들어와서도 팔짱을 낀 채 비딱하게 앉아 아무것도 하지 않았다. 하지만 며칠 못 가 조금씩 달라졌다. 트레이너들이 관심을 보이고 격려해주자 여느 아이들처럼 활달하고 진지하게 활동에 참여하기 시작했다.

얼마 뒤 정우 엄마가 면담을 위해 나를 찾아왔다.

"선생님, 정우가 얼마 전부터 자꾸만 서울에서 살겠다고 고집을 부리네요. 나도 일 때문에 바빠 죽겠는데, 정우가 말썽 부리면 어떻게 감당해요. 아빠 말도 안 듣는데 제 말이라고 듣겠어요?"

한숨을 내쉬는 정우 엄마에게 조심스레 물었다.

"정우가 왜 서울에서 살겠다고 하는지 생각해 보셨나요?"

"빤하죠, 뭐. 제 딴엔 서울이 부산보다 화려하고 좋아 보이니까 그러는 거 아니겠어요?"

엄마는 정우 속마음쯤, 손바닥 들여다보듯 훤히 꿰뚫고 있다는 식으로 말했다. 하지만 그건 엄마의 착각이었다. 내가 대화를 나눠본 정우는 엄마 생각처럼 철딱서니 없는 아이도, 형편없이 비뚤어진 아이도 아니었다. 늘 바빠 얼굴조차 보기 어려운 아빠, 그리고 멀리 떨어져 사는 엄마 사이에서 외로워하는 마음 약하고 여린 아이일 뿐이었다. 정우가 간절히 원하는 것은 단 하나, 엄마 아빠의 따뜻한 관심과 사랑이었다. 그리고 그게 바로 정우가 서울에서 살고 싶은 이유였다.

"엄마가 너무 보고 싶은데 자주 만날 수가 없어요. 이젠 엄마랑 같이 살고 싶어요. 엄마가 해준 김치찌개도 먹고, 초등학교 때처럼 엄마랑 시장에도 가면서요."

정우는 울음을 꾹꾹 눌러가며 내게 말했다.

"엄마도 그런 정우 마음을 아실까?"

내가 물었더니 정우는 고개를 저었다.

"엄마는 내가 '서울'의 '서' 자만 꺼내도 펄쩍 뛰세요. 놀고 싶어서 서울 타령한다고요."

정우는 엄마와 함께 있을 수 있다면 서울이 아니라 그 어디라도 가고 싶었을 게다. 하지만 엄마는 정우가 화려하고 자극적인 환경을 동경해 서울에 온다는 줄로 확신하고 있었다.

"정우 어머니, 정우 속마음은 그렇지 않습니다."

내가 정우와의 면담 내용을 전하자, 정우 엄마는 단호하게 말했다.

"그럴 리 없어요. 제가 정우를 몰라요? 엄마랑 같이 있고 싶다는 건 핑계고, 사실은 제 말이 맞다니까요."

하지만 정우 엄마는 동요하고 있었다. 눈시울이 빨개지는가 싶더니 와락 눈물을 쏟기 시작했다.

그날 정우 엄마는 깨달았을 것이다. 정우가 담배 피우고, 친구들을 괴롭히고, 서울 올라오겠다고 졸라댔던 진짜 이유를. 그리고 아이에 대해 다 알고 있다고 믿었던 자신이 실은 아무것도 모르고 있었다는 것도 말이다.

물에 빠진 아이에게 등산화를 던져주는 부모

카네기 스쿨 수업을 시작하기 전 나는 늘 아이들에게 빈 A4 종이 한 장씩을 나눠주고 마음을 표현해보라고 한다.

"이 종이를 접든 오리든 찢든 구기든 뭘 하든 여러분 자유입니다. 단, 그림을 그리거나 글을 쓰는 건 안 돼요. 다 만들었으면 옆 친구와 짝을 이뤄 서로의 작품에 제목을 달아주도록 합시다."

아이들이 가장 많이 만드는 것은 종이비행기다. 그럼 짝꿍들은 그 비행기에 '탈옥', '일상 탈출', '비상' 등의 제목을 달아준다. 현실에서 도피하고 싶은 마음이 담긴 제목들이다.

종이를 마구 구기거나 갈기갈기 찢는 아이들도 많다. 짝꿍이 달아준 제목들도 살벌하다. '만신창이', '쓰레기', '갈기갈기' 등이다. 이런 경우에는 아이가 심한 스트레스를 겪고 있다고 봐야 한다. 그런데 부모들은 아이가 힘들어한다는 사실 자체를 아예 모르고 있다.

"우리 애가 정말 종이를 이 모양으로 갈기갈기 찢어놨다고요?"

"예, 스트레스 받는 일이 있으면 보통 이럽니다."

"에이, 그럴 리가 없어요. 제가 무슨 힘든 일이 있겠어요? 그랬으면 티가 났겠지요."

하지만 부모들이 모르는 사실이 있다. 아이들은 부모에게 자신의 현재 상황에 대해 잘 말하지 않는다. 극단적인 예지만 아이가 자살을 시도해도 부모는 일이 벌어지기 전까지 아무것도 모르고 있는 경우가 많다. 얼마 전에도 왕따를 견디다 못해 자살한 아이의 기사가 실렸는데, 그 부모는 아이가 왕따를 당했다는 사실조차 모르고 있었다.

아이들이 부모에게 속마음을 이야기하지 않는 이유는 다양하다. 부모가 걱정할까봐, 부모를 믿지 못해서, 괜한 잔소리나 꾸중만 들을까봐, 말이 안 통해서……. 아이는 이렇게 속마음을 꽁꽁 감추고 있는데 부모는 어째서 아이를 잘 알고 있다고 확신하는 걸까. 이런 부모들이 자주 하는 말이 있다.

"하나를 보면 열을 안다고, 애 하는 짓 보면 뻔하죠."

"친구를 잘못 만나 그렇지, 얼마나 착한 앤데요. 어릴 때부터 순둥이였다고요."

대부분 넘겨짚었거나 부모가 믿고 싶은 대로 믿어버린 결과라는 걸 알 수 있다. 만일 의사가 환자에게 어디가 아프냐고 묻지도 않고 멋대로 넘겨짚어 약을 처방하거나 수술을 해버린다면 어떻게 되겠는가. 부모들도 이렇게 위험천만한 짓을 하고 있다. 아이의 현재 상황을 제대로 파악하려면 아이에게 묻고 속마음을 들어봐야 할 텐데, 그런 노력 대신 넘겨짚고 어림짐작해서 아이를 판단하고 재단한다. 이렇게 아이를 한참이나 잘못 봐놓고 이리 가라, 저리 가라, 이끌 수 있을 걸로 생각한다면 오산이다.

아이는 깊은 물에 빠져 허우적대고 있는데, 부모는 등산화를 신겨준다. 아이는 정글에서 길을 잃고 헤매는데, 부모는 스키 장비를 내민다. 그러면서 고급 등산화를, 값비싼 스키 세트를 사줬는데 왜 산 정상에 못 오르느냐고, 왜 멋지게 활강하지 못하느냐고 아이를 다그친다. 아이에게 절실했던 건 튜브 하나, 지도 한 장이었는데 그걸 모르는 것이다.

혹시 나도 아이의 현재 상황을 잘못 파악해 엉뚱한 도움을 주는 부모는 아니었을까 반성해볼 일이다. 나는 아이를 위해 온갖 노력을 다 했는데 아이가 내 마음도 몰라주고 따라주지 않는다고 한탄했다면 처음부터 다시 생각해봐야 한다. 우리 아이의 현재 위치는 어디인가, 나는 우리 아이에 대해 얼마나 알고 있는가, 하고 말이다.

아이 마음에 오르는 사다리, 카네기의 LADDER 공식

아이의 속마음이 궁금하면 LADDER 공식을 익혀라

아이의 현재 상황을 파악하는 가장 좋은 방법은 무엇일까. 마음을 터놓고 대화하는 것이다.

"너 요즘 고민이 뭐니?"

"어떤 점이 가장 힘드니?"

"제일 관심 가는 게 뭐니?"

이런 여러 질문에 대답을 들을 수만 있다면 아이의 현재 상태를 쉽게 파악할 수 있을 것이다. 하지만 문제는 아이와의 대화가 생각만큼 쉽지 않다는 데 있다. 뭐라도 진지하게 물을라치면 아이가 은근슬쩍 자리를 피하거나 짜증을 내거나 얼버무리는 바람에 번번이 실패하기 일쑤다.

도대체 무엇이 문제일까. 친구들과는 잘도 재잘대면서 부모 앞에서는 벙어리가 되는 아이들이 문제의 근원일까? 하지만 한번 생각해 보자. 아이들이 처음부터 그랬는지 말이다.

"엄마, 오늘 유치원에서 배운 노래 불러볼까?"

"아빠, 이리 와봐. 내가 이거 만들었어. 되게 잘 만들었지?"

아이들은 언제나 먼저 손을 내밀었다. 그 손을 뿌리친 건 부모들이었다.

"지금 바쁘니까 이따가."

"저리 가. 엄마 바쁜 거 안 보여?"

아이가 부모와의 대화를 거부하는 것은 단순히 사춘기 탓이 아니다. 아이 성격이 무뚝뚝해서도 아니다. 부모에게 번번이 거절당했기 때문이다. 따라서 변해야 하는 것은 아이가 아니라 바로 부모다. "우리 애는 대체 왜 저럴까." 하는 대신 "내가 우리 애한테 왜 그랬을까." 하고 반성해야 한다. 그리고 어떻게 하면 아이의 속마음을 들여다볼 수 있을까 고민해야 한다. 그게 바로 아이의 현재 상황을 파악하는 핵심이다.

직장 내 커뮤니케이션 기술을 공부하는 경우는 많아도 가정에서의 커뮤니케이션을 고민하는 부모는 많지 않다. 가족처럼 허물없는 사이에 무슨 커뮤니케이션 기술이 필요할까 싶겠지만 아이와 변변한 대화를 나눈 지가 얼마나 오래 되었나 떠올려보면 그 필요성을 절감할 것이다.

세계적인 커뮤니케이션 전문가였던 데일 카네기는 성공적인 대화를 위한 원칙을 여섯 가지로 정리했다. 각 원칙의 이니셜을 따 'LADDER(사다리) 공식'이라고 부르는데, 아이와의 대화에도 매우 유용하다.

L 상대방을 바라본다. (Look at the other person)

A 질문한다. (Ask questions)

D 중단시키지 않는다. (Don't interrupt)

D 주제를 바꾸지 않는다. (Don't change the subject)

E 감정을 조절해서 표현한다. (Express emotion with control)

R 적절하게 반응한다. (Respond appropriately)

대화 원칙이라 하기에는 너무 간단해 보이는가? 하지만 실천은 쉽지 않다. 이제부터 이 여섯 가지 원칙을 하나씩 살펴보면서 아이와의 대화에 어떻게 응용할 수 있는지 알아보자.

Look at the other person 상대방을 바라본다

아이가 "엄마!" 하고 부를 때 고개를 돌려 아이를 바라본 적이 있는가? 하던 일을 계속하면서 입으로만 "왜?" 하는 때가 더 많을 것이다.

아빠들은 이보다 심하다. 아이들이 몇 번이나 아빠를 불러대도 TV나 스마트폰에 눈을 고정시킨 채 대답조차 안 한다. 식구들이 모두 모인 식탁에서도 서로 눈을 맞추는 대화는 드물다. 대화는 나눌지 몰라도 식구들의 시선은 TV 화면이나 젓가락 끝에 집중되어 있다.

이래서야 제대로 된 대화를 할 수 없다. 아이와 대화를 하려면 아이가 "엄마!"라고 부르는 순간 고무장갑을 벗고 아이 얼굴을 바라봐야 한다. 귀로만 들으면 되지 굳이 얼굴까지 봐야 하느냐고? 상대의 눈을 바라본다는 건 단순히 '보는 행위'가 아니다. '나는 당신에게 집중하며 공감할 준비가 되어 있습니다' 또는 '나는 당신에게 관심이 있습니다'라는 의미를 담은 행위다.

당신이 화자라면 하던 일 계속하며 건성건성 듣는 사람보다는 내 눈을 바라보며 집중하는 사람에게 더 많은 이야기를 하게 되지 않을까? 아이들도 마찬가지다. 대화에는 입과 귀만 필요한 게 아니라 눈도 필요하다.

Ask questions 질문한다

대화한답시고 부모 할 말만 잔뜩 쏟아내면 그게 바로 아이들이 제일 싫어하는 잔소리다. 말은 주로 아이가 하고, 부모는 질문하고 들어야 한다.

"우리 애는 내가 뭘 물어보면 단답형으로만 대답해서 대화가 안 돼요." 하고 하소연하는 부모들이 많은데, 그것은 아이 잘못이 아니라 부모가 폐쇄형 질문을 던졌기 때문이다. 폐쇄형 질문이란 "네." 또는 "아니오." 식의 단답형 대답을 요구하는 질문이다. "밥은 먹었니?", "학원 갔다 왔어?", "숙제 다 했어?" 등이 폐쇄형 질문에 속한다.

아이와 풍부한 대화를 나누기 위해서는 폐쇄형 질문이 아닌 개방형 질문을 던져야 한다. "점심에 뭐 먹었니?", "오늘 학원에서 어땠어?", "숙제가 뭐니?"와 같은 질문에는 애당초 단답형 대답이 불가능하다. 이렇게 더 많은 이야깃거리를 끄집어내는 질문이 바로 개방형 질문이다. 개방형 질문을 던지면 화제가 자연스레 이어지고 풍부해져 아이의 현재 상황을 훨씬 잘 파악할 수 있다.

여기에 긍정적 답변까지 유도하는 질문이면 더 좋다. 백과사전으로 잘 알려진 브리태니커는 '세일즈 사관학교'라 불릴 만큼 막강한 영업력을 자랑하는데, 영업사원을 교육할 때면 고객에게서 긍정적인 답변을 유도하라고 항상 가르친다.

"여기 살고 계신가요? 자녀분 있으시죠? 자녀분 교육에 관심 많으시죠? 백과사전에 관심은 있는데 부피나 가격이 부담스러우셨죠? 작고 가볍고 저렴하면서도 내용은 풍부한 백과사전이 있다면 관심 있으세요? 제가 보여드릴까요?"

이런 식으로 고객에게서 "네."라는 긍정적 답변을 계속 유도하다 보면 "계약 하시겠어요?"라는 질문에도 쉽게 "네."를 이끌어낼 수 있다는 것이다.

"넌 수학이 그렇게 싫으니?", "급식이 입에 안 맞니?" 등은 부정적인 답변을 유도하는 질문이다. 답변이 부정적이면 감정도 부정적이 되어 결국 대화에 도움이 되지 않는다. 반면 "수학에서 제일 자신 있는 부분은 어디니?", "네 입맛에 제일 잘 맞는 급식 메뉴는 뭐니?"처럼 긍정적인 질문을 던지면 아이의 감정까지 긍정적으로 바뀐다. 이런 질문에 "수학은 다 못해!", "급식은 무조건 싫어!" 할 것 같지만 막상 시도해보면 의외로 많은 아이들이 긍정적인 답변을 내놓는다. 개방형 질문과 긍정적 답변을 유도하는 질문, 이 두 가지만 잘 해도 아이와의 대화가 확실히 매끄럽고 편안해진다.

Don't interrupt 중단시키지 않는다

아이를 바라보고 질문까지는 하겠는데, 아이 말을 끝까지 듣는 건 못하겠다는 부모들이 많다. '그냥 종알거리게 내버려두면 되지 않나?' 라고 생각할 수도 있지만 실제로 해보면 얼마나 어려운 일인지 알게 된다. 예를 들어 아이가 친구들끼리 쓰던 은어나 욕을 엄마 앞에서 무심코 내뱉는 경우가 있다.

"오늘 담탱이가 있잖아……."

그러면 엄마는 아이 말을 끝까지 들어보지도 않고 성급하게 말을 자른다.

"뭐, 담탱이? 담임선생님한테 담탱이가 뭐야, 버릇없이!"

이런 꾸중을 듣고도 신나게 종알댈 아이는 없다. 그날의 대화는 그걸로 끝이다. 이런 일이 몇 번 반복되면 아이는 마음속으로 다짐한다.

다시는 엄마랑 얘기하지 않겠다고.

아이가 무슨 생각을 하며 살고 있는지, 고민은 무엇이고 어떤 꿈을 꾸고 있는지 알고 싶다면, 그래서 아이와의 대화를 원한다면 어떤 일이 있어도 아이의 말을 중간에 끊어서는 안 된다. 엄마와 원활하게 의사소통이 안 되는 아이에게 대뜸 야단부터 치는 것은 아무 도움도 안 된다. 때론 아이 입에서 버릇없는 말이 튀어나오고 때론 엄마 속이 부글부글 끓더라도 일단은 아이의 속마음을 듣는 것에 만족해야 한다.

Don't change the subject 주제를 바꾸지 않는다

엄마들이 아이와의 대화에서 가장 빈번하게 저지르는 실수가 있다. 아이가 무슨 말을 하든지 엄마 구미에 맞는 화제로 바꿔버리는 것이다.

"엄마, 지영이 오늘 스마트폰 새로 산대."

아이는 최신형 스마트폰이 부러워 말을 꺼냈지만 엄마의 안테나는 다른 신호를 잡았다.

"지영이 엄마가 왜 스마트폰 사주는 줄 알아? 지영이는 이번에 10등이나 올랐다더라. 근데 넌 왜 계속 내리막이야, 응? 그러고도 네가 지금 스마트폰 타령할 때야?"

또 이런 경우도 있다.

"엄마, 우리도 〈1박2일〉에 나온 데로 여행가면 안 돼요?"

"중간고사가 코앞인데 가긴 어딜 가니. 너 시험이 언제랬지? 공부는 하고 있는 거야?”

어떤 화제라도 결국에는 엄마가 좋아하는 공부 이야기로 귀결시키고야 마는 이 ‘불편한 진실’은 개그 프로그램에만 나오는 게 아니라 실제 상황이다. 이러니 아이들이 돌아서면서 “엄마랑 얘기하면 결론은 항상 똑같아.”라고 할 수밖에 없다.

이런 대화 패턴을 가진 엄마라면 대화의 목적을 끊임없이 상기할 필요가 있다. 엄마의 관심사를 아이에게 강요하려는 게 아니라 아이의 관심사를 알고자 시작한 대화가 아니었나. 그러니 엄마 마음대로 화제를 전환하지 말고 아이에게 대화의 주도권을 주어야 한다. 특히 “그러니까 넌 왜 그렇게 공부를 안 하니.”로 결론을 내지 않도록 유의해야 한다.

E xpress emotion with control 감정을 조절해서 표현한다

사춘기 아이들과 대화하다 보면 속에서 천불이 난다는 부모들이 많다. 특히 아빠들은 “중학생 아들과 대화할 때면 뚜껑이 열린다.”고 표현한다. 내 맘대로 안 되는 아이가 답답해서, 사춘기랍시고 반항하는 모습이 괘씸해서 더 이상 대화를 못 하겠다는 것이다.

대화를 하다 감정이 격해졌을 때 이성을 찾아야 할 쪽은 당연히 부모다. “그 따위로 하려면 다 때려치워!” 하고 불호령을 쳐봤자 남는 건 죄책감과 후회뿐이다.

아이 때문에 ‘뚜껑이 열릴 만큼’ 화가 치솟는다는 부모들에게 나는 이 주문을 외워보라고 충고한다.

"나는 코치다. 나는 부모가 아니라 이 아이를 바르게 성장시키기 위한 코치다. 지금은 아이의 현재 상황을 파악하는 게 목적이다. 그러니 화를 가라앉히자. 나는 코치다."

아이와의 감정싸움에서는 먼저 폭발하는 쪽이 진다. 앞으로는 폭발하려는 순간에 마음을 다잡고 이 주문을 외워보자. 내 배 아파 낳은 자식이라고 생각하면 아이의 모든 말과 행동이 서운하고 괘씸하지만, 아이와 자신을 냉정하게 분리시키면 이성을 되찾을 여유가 생기게 마련이다.

R espond appropriately 적절하게 반응한다

지인 가운데 외국계 기업 최연소 부장을 지낸 여성분이 있다. 지금은 또 다른 외국계 기업 CEO와 결혼해 외국에서 살고 있다. 그녀는 누가 어떤 말을 하더라도 늘 멋지다고 칭찬을 한다. 누군가가 어제 본 영화평을 이야기하면 "와, 정말 멋져요. 어떻게 그런 생각을 다 해요?" 하고 진심으로 감탄한다. 힘들었던 시절 이야기에도 "정말 멋지네요. 그렇게 힘든 일을 어떻게 이겨냈어요?" 하는 반응을 보여준다. 그러니 그녀 주변에는 늘 사람이 많을 수밖에 없다. 나는 그녀가 이른 나이에 직업적 성공을 거둘 수 있었던 비결이 바로 "와, 멋져요!"라는 감탄사에 있다고 생각한다. 누군가의 이야기에 적절하게 공감하는 것은 커뮤니케이션에 절대적으로 필요한 능력이다.

카네기도 대화의 마지막 원칙으로 공감적 경청을 꼽았다. 부모가 아이 말에 적절하게 맞장구치면서 반응을 보이면 아이는 부모에게 인정과 이해를 받는다는 생각에 고무돼 더 많이, 더 신나게 말한다. "와, 정말 멋지구나", "진짜 재밌었겠다", "아이고, 실망이 컸겠네" 식의 적절한 추임새 한마디면 아이를 얼마든지 수다쟁이로 만들 수 있다.

반복해 말하지만, 자녀 코칭은 부모가 말을 많이 한다고 되는 것이 아니다. 그보다는 아이들 말을 많이 들음으로써 이뤄지는 것이다. 부모가 아이의 말을 잘 들어주면 아이는 더 많이 말하게 되고, 그럴수록 부모는 아이의 현재 상황을 더 잘 파악하게 되는 동시에 아이와 친밀감을 쌓을 수 있다. 자녀 코칭은 이런 바탕 위에서만 가능하다. 이렇게 부모 자식 간에 믿음과 친밀감이 쌓여야만 아이가 부모 말을 잔소리로 받아들이지 않는다.

지금까지 카네기의 여섯 가지 대화 원칙을 살펴보았다. 이 원칙들은 눈으로 한번 읽었다고 체화되는 것이 아니다. 틈날 때마다 다시 읽고, 상기하고, 훈련해야 한다. 단 몇 번 만에 성공할 것으로 자신해서는 안 된다. 처음에는 버럭 화를 내고, 멋대로 아이 말을 끊고, 내가 원하는 화제로 전환시키는 예전 버릇이 또 나온다. 하지만 포기하지 않으면 성과는 반드시 있다.

이 여섯 가지 대화 원칙을 통해 아이와 웃으며 대화하고 아이에 대해 더 많은 것을 알게 되는 부모가 많아질 거라 확신한다.

입 대신 귀를 열면 아이 마음도 열린다

가장 훌륭한 대화 상대는 말 잘 하는 사람이 아니라 잘 듣는 사람

앞에서 소개한 카네기의 여섯 가지 대화 원칙에서 가장 중요한 것은 역시 공감적 경청이다. 세계적 베스트셀러, 데일 카네기의 《인간관계론》은 사람을 사귀고 사람들에게 영향을 미치는 방법과 기술에 관한 서른 가지 원칙을 제시하고 있는데, 그 책의 요지도 결국은 '경청하라'이다. 다른 이의 말을 잘 들어줘야 인간관계도 잘 맺고, 상대를 효과적으로 설득할 수 있으며, 리더가 될 수 있다는 것이다. 애플 사의 전 CEO였던 스티브 잡스는 자신을 CEO(최고경영자)가 아닌 CLO(Chief Listening Officer, 최고경청자)라고 칭했다. 지난 10년간 최고의 CEO로 꼽히는 그 역시 일찍이 경청의 중요성에 눈을 떴다는 뜻이다.

경청이 얼마나 중요한 미덕인지 보여주는 데일 카네기의 일화가 있다. 하루는 카네기가 뉴욕의 한 출판사가 주최한 만찬회에서 식물학자를 만났다. 생전 처음 식물학자를 만난 카네기는 넋을 잃고 그의 말에 빠져들었다. 이국적 식물과 새로운 품종을 개발하기 위한 실험, 실내 정원 등에 관한 이야기를 듣느라 시간 가는 줄도 몰랐다.

다음날, 카네기는 놀라운 사실을 알게 됐다. 그 식물학자가 카네기를 '가장 재미있는 대화 상대'로 평가했다는 것이다. 하지만 카네기는 만찬회 자리에서 거의 입을 열지 않았다. 그가 한 일이라곤 진심으로 진지하게 식물학자의 이야기를 들어준 것뿐이었다. 잠자코 듣기만 하면서 상대가 말을 많이 하도록 했을 뿐인데 '가장 재미있는 대화상대'가 되었던 카네기의 일화는 우리에게 많은 것을 시사한다.

카네기 인간관계론의 밑바탕은 '내가 변화해야 남도 변화시킬 수 있다'는 것이다. 마찬가지로 아이를 변화시키려면 먼저 부모부터 변화해야 한다. 아이가 부모와 대화를 하지 않는다면 아이 탓을 할 게 아니라 실은 부모가 아이 말을 들으려 하지 않았다는 것을 깨달아야 한다.

《듣기력》의 저자 토마스 츠바이펠은 커뮤니케이션의 도구인 언어 교육은 말하기, 듣기, 쓰기, 읽기의 네 가지 영역이 기본인데, 듣기 교육은 거의 이루어지지 않는다는 점을 심각하게 지적했다. 그래서 남의 말을 경청하는 사람보다 말 한 마디라도 더 하려는 사람들이 많다는 것이다. 혹시 나도 아이 말을 듣기보다 한 마디라도 더 하려 했던 부모는 아니었는지 점검해보자. '아이가 왜 말을 안 하나', '왜 부모 말을 안 듣나' 하고 고민하기 전에 자신부터 돌아보는 게 바른 순서다.

듣기의 최고 단계는 공감적 경청

듣기에도 단계가 있다. 어떤 마음가짐과 태도로 듣느냐에 따라 총 다섯 단계로 나뉘는데, 그 가운데 가장 낮은 단계가 바로 '무시하며 듣기'다. 아이가 말을 할 때 부엌에서 하던 일을 계속하거나 소파에서 TV를 보며 듣는 둥 마는 둥 한다면 당신은 무시하며 듣는 부모다. 부모가 이런 반응을 보이면 아이는 무시당한다는 생각에 점차 부모와의 대화를 기피하게 된다.

두 번째 단계는 '듣는 척 하기'다. 아이가 하는 말을 듣긴 하는데 머릿속으로는 딴생각을 하는 것이다. 오늘 저녁은 뭘 해먹나, 내일 약속에 무슨 옷을 입고 나가나, 냉장고 청소를 할 때가 됐는데……. 머릿속에 이런저런 잡념이 가득해서 아이 말을 듣긴 했어도 전혀 기억을 못한다. 아이 입장에서는 허공에 말하는 기분이 들 수밖에 없다.

세 번째 단계는 '선택적으로 듣기'다. 신기하게도 아이가 하는 말 가운데 부모가 듣고 싶은 말만 골라 들리는 것이다. 아이 말을 건성으로 듣고 있다가 부모 관심사가 한 마디라도 들려오면 그 순간 귀가 활짝 열린다. 공부, 학원, 시험, 점수, 등수, 수학, 수행평가 등이 부모의 귀를 뻥 뚫리게 하는 '마법의 단어'들이다. 하지만 안타깝게도 아이에게는 이런 단어들이 기피 대상 1호다. 그러니 부모와 아이 사이에 대화가 원활하게 이뤄질 리가 없다.

네 번째는 '주의 깊게 듣기' 단계다. 아이와 눈을 맞추면서 집중해서 듣는 경우가 여기에 속한다. 부모가 주의 깊게 들을 줄만 알아도 아이와의 대화에 문제가 생길 가능성은 거의 없다. 아이와 소통이 잘 안 되는 것은 아이 탓이 아니라 거의 언제나 부모의 잘못된 듣기 습관 때문이다.

다섯 번째는 바로 '공감적 경청' 단계다. 공감하며 경청하는 것이야말로 가장 좋은 듣기 습관이다. '공감적 경청'과 '주의 깊게 듣기'에는 차이가 있다. 공감적 경청은 주의 깊게 듣는 것은 물론이고 적절한 반응을 보이는 것까지 포함하는 말이다. "아, 그랬구나. 그래서 어떻게 됐는데? 저런, 정말 속상했겠다……." 하고 아이의 이야기에 적극적으로 공감하고 맞장구쳐주는 것이다.

가수이자 화가인 조영남 씨는 친구가 많기로 유명하다. 개인전을 열면 무려 2~3천 명에 이르는 지인들이 찾아온다. 그 비결이 궁금했던 한 기자가 조영남 씨를 유심히 관찰했다. 그랬더니 특이한 습관이 눈에 띄었다. 대화할 때 연신 "그렇지, 그럼." 하고 고개를 끄덕이며 과하게 맞장구를 쳤다고 한다. 말하자면 조영남 씨야말로 누구보다 공감적 경청을 잘하는 사람이었고, 덕분에 친구도 그렇게 많았던 것이다.

'대화의 1 · 2 · 3 법칙'이라는 것이 있다. 1분만 말하고, 2분 이상 들어주며, 3분 이상 맞장구치라는 것이다. 이 역시 공감적 경청의 중요성을 강조한 법칙이라 할 수 있다. 부모가 공감적 경청의 자세를 익혀 '대화의 1 · 2 · 3 법칙'을 잘 실천하면 아이와의 관계는 분명 달라진다. 부모의 이해와 사랑을 받고 있다고 믿으면 아이는 누가 시키지 않아도 자신의 현재 상황에 대해 숨김없이 이야기하게 마련이다.

아이의 닫힌 마음을 여는 공감적 경청의 힘

하루는 고1 아들을 둔 어머니가 나를 찾아왔다. 공감적 경청에 관한 수업을 들은 덕에 자신과 아들에게 놀라운 변화가 생겼다는 것이다.

중학교 다닐 때만 해도 아들에게는 아무런 문제가 없었다. 막내로 자라서인지 딸들보다 더 살갑고 애교가 많은 아들이었다. 그런데 고등학교에 입학한 얼마 뒤부터 갑자기 말수가 줄기 시작했다. 처음에는 뒤늦게 사춘기가 온 줄로만 알고 대수롭지 않게 여겼는데 어느 때부턴가 엄마가 물어도 대답조차 안 하는 심각한 지경에 이르렀다. 동시에 성적도 뚝 떨어졌다. 엄마는 그제야 사태의 심각성을 깨닫고 아들을 다그치기 시작했다.

"너 진짜 왜 그래? 갑자기 벙어리가 됐니? 엄마 죽는 꼴 보고 싶어서 그래?"

하지만 아들은 무표정한 얼굴로 제 방문을 걸어 잠글 뿐이었다. 화가 머리끝까지 치솟은 아빠가 방문을 따고 들어가 아이의 뺨을 때린 적도 있었다. 그래도 아들은 끝내 입을 열지 않았다.

그러던 중 엄마는 카네기 자녀 코칭 세미나를 통해 공감적 경청에 대해 알게 되었다. 그동안 아이에게 자기 할 말만 퍼부었다는 걸 깨달은 엄마는 달라지기로 했다. 아이에게 질문은 하되 어떤 잔소리나 비난도 하지 않았다.

"그래, 네가 엄마랑 말 안 하려는 이유가 있겠지. 그동안 엄마가 야단치고 윽박질러 미안해. 이젠 엄마가 널 믿고 기다려줄게."

그리고 어쩌다 아이가 작은 의사표현이라도 하면 열심히 들으려 노력했다. 그렇게 몇 달이 지나자 아이에게 서서히 변화가 찾아왔다. 조금씩 말문을 열더니 예전만큼은 아니어도 부모와 대화하는 시간이 조금씩 늘기 시작했다. 그리고 마침내 자신이 갑자기 변한 이유를 털어놓았다. 중학교 때부터 친하게 지냈던 단짝친구가 가정불화로 괴로워하다 자살을 했다는 것이다. 아이는 친구의 자살에 대해 죄책감을 갖고 있었다. 자기가 친구에게 힘이 되었더라면 그런 극단적인 선택은 하지 않았을 거라고 생각한 것이다. 그래서 아이는 더 이상 웃을 수가 없었다. 누군가에게 속마음을 털어놓을 수도 없었다. 그런데 엄마는 아이가 이상해졌다고 야단만 쳤다. 그럴수록 아이는 엄마 앞에서는 더 굳게 입을 다물고 마음까지 닫아걸었다. 엄마는 절대 자신을 이해할 수 없으리라 생각했기 때문이다.

"제가 아이 말을 공감하며 들어주는 엄마였다면 이렇게 혼자서 괴로워하는 일은 없었을 거예요. 우리 애가 얼마나 외롭고 힘들었을까 생각하면 눈물만 나요."

엄마 말대로 아이를 꾸짖는 대신 다정하게 물어봤더라면, 아이의 슬픔에 공감해주고 꼭 안아주었다면 아이는 슬픔에서 더 빨리 빠져나올 수 있었을 것이다. 그래도 늦게나마 엄마가 공감적 경청의 중요성을 깨닫고 아들과 다시 대화할 수 있게 된 것은 정말 다행이다.

이와 비슷한 사례가 또 있다. 여고에서 국사를 가르치는 조 선생님은 내 오랜 지인인데, 터울이 많이 나는 아들 둘을 키우고 있다. 큰애는 대학생, 둘째는 중1이다. 미국에 유학 가 있는 큰애는 어릴 때부터 모범생에 효자 아들이었다. 그런데 둘째는 달랐다. 공부에도 흥미가 없어 보이고, 엄마 말은 귓등으로도 안 듣는 말썽쟁이였다.

"도대체 둘째는 뭐가 문젠지 모르겠어요. 걔 머릿속이 이해가 안 돼요."

고민하는 조 선생님에게 나는 평소 아이의 말에 공감하는 편이냐고 물었다. 조 선생님은 잠시 생각하더니 말했다.

"그러고 보니 내가 큰애랑 둘째를 다르게 키우긴 했네요."

큰애는 첫 아이라 의욕에 넘쳐서 뭐든 열심히 들어주고 공감해줬다고 한다. 그런데 둘째는 마냥 어리다는 생각에 아이 의사를 존중하기보다는 강압적으로 지시하는 경우가 더 많았다는 것이다.

나름 충격을 받은 조 선생님은 둘째 대하는 태도를 싹 바꾸기로 마음먹었다. 무심코 퍼부었던 잔소리를 줄이고 아이 말에 귀 기울이며 공감하려 애썼다. 얼마 뒤 조 선생님이 나를 보자마자 싱글벙글 웃으며 말했다.

"전 우리 둘째가 그렇게 말이 많은 줄 처음 알았어요. 그렇게 말 잘하는 애가 그동안 내 잔소리를 묵묵히 듣고만 있자니 얼마나 힘들었을까……."

아이는 엄마가 귀 기울이고 공감하는 만큼 자기를 표현하는 법이다. 그날 이후로는 조 선생님은 더 이상 둘째 걱정을 하지 않게 되었다. 조 선생님이 공감적 경청의 태도를 갖추자 아이와의 친밀감과 유대감이 깊어졌고, 갈등도 서서히 사라졌기 때문이다.

세상의 어떤 감동적인 말도, 따끔한 꾸지람도 아이를 변화시키지 못한다. 아이를 움직이는 말 한마디는 바로 깊은 공감에서 나오는 감탄사뿐이다.

"그래, 정말 힘들었겠다."

"저런, 진짜 속상했겠네."

하지만 대부분의 부모는 이 공감적 경청의 힘을 알지 못한다. 아이의 생각과 관점을 있는 그대로 인정하고 이해하기보다 뜯어고치고 훈계하고 변화시키려 한다. 아이의 현재 상황을 알고 싶은가? 아이의 내면을 들여다보고 싶은가? 그렇다면 일단 아이의 말을 귀 기울여 들어야 한다. 아이가 좋아하는 일에 대해 묻고, 이야기를 계속하도록 격려하고, 진심으로 공감해주어야 한다.

결국 공감적 경청이란 아이를 이해하려는 의도로 경청하는 것을 의미한다. 아이가 세상을 보는 방식을 있는 그대로 인정하고 이해하려는 열린 마음, 그것이 바로 공감적 경청의 자세다. 오늘부터 부모가 먼저 공감적 경청을 실천해보길 바란다. 1분만 말하고 2분 이상 들어주고 3분 맞장구쳐주는 '1 · 2 · 3 법칙'을 잊지 않는다면 아이 마음에 성큼 다가설 수 있을 것이다.

폭풍 사춘기의 속마음이 궁금하면 '이너뷰'를 해라

가치질문을 하면 아이의 속마음이 보인다

대화의 기본 원칙을 익히고 공감적 경청의 자세도 갖추었다면 이제 본격적으로 '이너뷰'에 도전할 때다. '인터뷰 interview'가 아니라 '이너뷰 innerview'다. '이너뷰'는 사전에 없는 말이지만 카네기 이론에서는 깊이 있게 질문하고 경청함으로써 상대방의 내면을 탐색하고 수용하는 대화 방법을 가리키는 용어로 쓰인다. 우리말로는 '심층면담' 정도로 번역될 수 있다. 이너뷰는 아이의 현재 상태를 알아보는 가장 강력한 수단이다. 지금까지 우리가 익혔던 대화의 여섯 가지 원칙과 공감적 경청은 이 이너뷰를 위한 기반 다지기였다 해도 과언이 아니다.

이너뷰는 사실질문, 원인질문, 가치질문 순으로 이루어진다. 사실질문이란 표면적으로 드러난 사실에 대해 묻는 것이다. "요즘 어떤 과목이 제일 재미있니?", "요즘은 누구랑 친하게 지내?", "제일 배우고 싶은 게 뭐야?", "요즘 좋아하는 가수가 누구니?" 같은 것들이 사실질문에 해당한다.

원인질문은 아이의 답변을 듣고 그 이유를 묻는 것이다. 예를 들어 "요즘 누구랑 제일 친하게 지내니?" 하는 사실질문에 아이가 "정훈이요." 하고 대답했다면 "그렇구나. 정훈이의 어떤 점이 좋아?" 하고 묻는다. 아이가 요즘 기타를 배우고 싶다면 "아, 요즘 기타에 관심이 생겼구나. 왜 기타를 배우고 싶니?"라고 물으면 된다.

가치질문은 아이의 가치관, 속마음을 알아보기 위한 질문이다. "요즘 네가 가장 몰입하고 있는 일이 뭐니?", "만일 네게 1억 원이 생긴다면 그 돈으로 뭘 하고 싶니?", "네가 살아오면서 가장 힘들다고 느꼈던 순간은 언제니?", "네 삶에서 가장 가치 있다고 생각되는 건 뭐니?" 등이 가치질문이다.

나무로 치면 나뭇잎이나 열매는 사실질문, 줄기는 원인질문, 뿌리는 가치질문에 해당한다고 할 수 있다. 또 다르게는 해브[Have], 두[Do], 비[Be]로도 설명한다. 즉, 상대방이 갖고 있는 것[Have]들에 대해 묻는 것이 사실질문, 그 행동[Do]을 파악하는 것은 원인질문, 그리고 존재[Be]를 알기 위한 것이 가치질문이다.

사실 아이의 고민, 스트레스, 꿈 등 부모가 가장 알고 싶어 하는 것들은 가치질문을 통해서 알 수 있다. 그런데 가치질문까지 가려면 사실질문과 원인질문이 반드시 필요하다. 처음 만나는 사람에게 무턱대고 "당신이 인생에서 가장 소중하게 여기는 가치는 뭔가요?" 하고 묻는 경우는 없지 않나. 일단은 그 사람의 가족관계, 직업, 취미, 친구관계, 사는 곳부터 묻기 마련이다. 아이와의 대화에서도 마찬가지다.

내 배 아파 낳은 자식한테도 꼭 이렇게 변죽을 울려야 하나, 그냥 곧바로 "너 요즘 고민이 뭐니?" 하고 물으면 안 되나, 하는 부모들도 있을 거라 생각한다. 그런데 실제로 이렇게 해본 부모들은 알 것이다. 아이들 반응이 어떤지. 부모의 이런 질문에 순순히 고민을 털어놓는 아이들은 거의 없다. 대부분은 "아, 고민 없어." 하면서 성가신 얼굴로 자리를 뜨거나 "엄마 오늘따라 왜 이래?" 하고 답변을 회피한다. 그런데도 부모들은 "우리 애는 나랑은 도통 얘길 안 하려고 해요." 하면서 아이들 탓만 한다. 사실은 서툴고 미숙하게 대화를 시도한 부모 탓이 큰데도 말이다.

아이의 진짜 속마음을 들여다보고 싶다면 서둘러선 안 된다. 표면적으로 드러난, 쉽게 묻고 대답할 수 있는 사실질문부터 차근차근 시작해야 한다.

부모 강연 후 전화로 하소연을 하는 부모들이 꽤 많다. 강연에서 배운 대로 했는데도 아이들이 대답을 회피하거나 거부하는 바람에 속상하고 무안했다는 것이다. 부모와의 벽이 두꺼운 아이들은 이너뷰가 힘들 수 있다. 가치질문은커녕 원인질문의 답변마저 듣지 못할 가능성이 크다. 이런 경우 나는 "한 번에 가치질문까지 성공하기란 매우 힘듭니다. 오늘 안 되면 내일 해보시고, 내일 안 되면 모레 해보세요." 하고 대답해 드린다. 무책임하게 들릴지 몰라도 사실이 그렇다.

아이들이 부모의 질문에 "엄마 이상해. 왜 자꾸 그런 걸 물어?" 식의 반응을 보인다면 아직 마음을 열 준비가 안 됐다고 받아들여야 한다. 아직은 부모와의 벽이 높고 두껍다는 신호인데, 그 벽을 한 번에 허물려는 것은 부모의 욕심이다. 처음 이너뷰에서 원인질문까지도 못 갔으면 다음에 또 시도하면 되고, 다음에도 안 됐다면 그다음을 기약하면 된다. 그러다 보면 언젠가 깜깜했던 아이 마음에 하나둘씩 전구가 켜지고, 비로소 아이의 속마음으로 내려가는 계단이 보이기 시작할 것이다.

아들과 대화하려면 LoL 박사가 돼라

"요즘 학원 수업 어떠니?", "요즘도 PC방 자주 가니?" 하는 말부터 꺼내면 아이들은 꽁무니 뺄 생각부터 한다. 따라서 대화는 아이들이 좋아하고 관심을 가질 만한 화제로 시작해야 한다. 나는 카네기 스쿨의 남자아이들과 대화를 할 때면 가장 먼저 이것부터 묻는다.

“너도 LoL 하니?”

LoL(League of Legends, 리그 오브 레전드)은 요즘 아이들이 열광하는 온라인 RPG(Role-Playing Game, 역할 수행 게임)인데, 거의 모든 남자아이들이 여기에 푹 빠져 있다 해도 과언이 아니다. 내가 LoL에 대한 사실질문을 던지면 아이들 눈이 반짝반짝 빛나기 시작한다.

“어? 선생님도 그 게임 아세요?”

그 다음부터는 대화가 일사천리로 풀린다. 내가 굳이 질문하지 않아도 아이들이 알아서 종알종알 말하기 시작한다.

이런 작고 사소한 요령을 몰라 아이들과의 대화에 번번이 실패하는 것이다. 하루는 부모 강연이 끝난 뒤 성철이 엄마라는 분이 찾아오셨다.

“우리 애가 요즘 PC방을 자주 들락거려요. 하도 속상해서 도대체 PC방 가서 뭐 하는 거니, 그런 데 가지 마라, 수도 없이 얘기해봤지만 소용없어요. ‘엄마는 알지도 못하면서……’ 하고는 제 방으로 쏙 들어가 버린다니까요.”

엄마 입장에서는 이런 말들이 대화일지 몰라도 사실은 그렇지 않다. “도대체 PC방 가서 뭐 하는 거니?”는 말끝에 물음표만 붙었을 뿐, 질문이 아니라 힐난이다. 다시 말해 엄마가 했던 말들은 대화가 아닌 잔소리였던 것이다. 나는 요즘 유행하는 온라인 게임에 대해 충분히 공부한 뒤 아이가 좋아하는 게임 이야기로 말문을 열어보라고 조언해드렸다. 며칠 뒤 엄마는 큰마음 먹고 아들과 대화를 시도했다.

엄마 : 성철아, 요즘 LoL이 그렇게 인기라며?

성철 : 어? 엄마가 어떻게 알아?

엄마 : 너도 그거 하니?

성철 : 응. 나 요즘 롤만 해.

엄마 : 롤? 아, LoL을 '롤'이라고 하는구나. 그게 왜 재미있어?

성철 : 애들이 다 하니까. 그거 안 하면 왕따야.

엄마 : 그 게임 한 번 하는 데 시간이 얼마나 걸려?

성철 : 그거야 하기 나름이지. 그런데 엄마 말대로 30분만 한다는 건 말도 안 돼. 애들끼리 다 약속하고 시작하는 건데 어떻게 나 혼자 30분만 하다 나와?

엄마 : 그렇게 오래 하면 숙제나 공부에 부담 안 돼?

성철 : 부담은 되는데 할 수 있어.

엄마 : 우리 아들, 게임 그렇게 좋아하다 프로게이머 된다고 하는 거 아니야?

성철 : 에이, 그건 아무나 되나. 난 전자공학 전공할 거야.

엄마 : 어, 그래? 왜 전자공학을 전공하고 싶어?

엄마는 이런 식으로 성철이와 30분 이상 대화를 나누었다. 아이가 중학생이 된 이후 이렇게 오래 대화를 나눈 것은 처음이라고 했다.

성철이네 경우처럼 아이가 좋아하는 화제로 이야기를 시작하면 의외로 대화가 술술 풀리는 경우가 많다. 게임에 관심이 없는 여자아이들이라면 아이돌이나 패션 이야기로 말문을 열면 효과적이다.

엄마 : 요즘 아이돌 그룹이 왕따 문제로 시끄럽더라.

아이 : 어, 엄마도 아는구나?

엄마 : 너희 반에는 왕따 없니?

아이 : 우리 반에는 없는 거 같은데.

엄마 : 다행이네. 넌 요즘 누구랑 친하게 지내?

아이 : 음……. 소영이.

엄마 : 아, 지난번 우리집에 한 번 놀러왔던 애지? 걔가 왜 좋아?

아이 : 그냥 좋아. 착해.

엄마 : 응, 넌 착한 친구 좋아하는구나. 그런데 어떤 친구가 착한 친구야?

아이의 관심사에 관해 공부하는 것은 아이 마음에 노크를 하는 것과 같다. 내 아이가 어떤 노크 소리에 반응을 보일지는 부모 스스로 찾아야 한다. 어떤 아이는 LoL에, 어떤 아이는 빅뱅에, 또 어떤 아이는 요즘 유행하는 벼 머리에 반응을 보일 것이다. 무엇이 되었든 아이가 관심을 보일 만한 화제로 노크를 하면 아이는 문을 열고 빼꼼 내다본다. 여기까지 했으면 일단 성공이다. 그런데 여기까지 잘 해놓고 그나마 손톱만큼 열린 문을 쾅 닫아걸게 하는 부모가 있다. 가치질문을 던지면서 부모가 흔히 저지르는 실수 때문이다.

잔소리와 꾸중은 대화의 필수 요소?

카네기 스쿨에 오는 아이들 중에도 유독 말문을 잘 열지 않는 아이들이 있다. 특히 중학생 남자아이들이 그렇다. 하지만 트레이너가 지속적으로 관심을 보이고 격려해주면 조금씩 말문이 트인다. 심지어 수다쟁이가 되어 쉴 새 없이 떠들어대는 아이들도 있다. 그런데 신기한 일은 가정으로 돌아가면 예전처럼 다시 입을 굳게 다문다는 것이다.

트레이너 앞에서는 신나게 조잘대던 아이가 왜 부모 앞에서는 꿀 먹은 벙어리가 될까. 물론 우리 트레이너들은 오랜 기간 동안 까다로운 훈련을 거친 전문가들이다. 하지만 그렇다고 모든 부모가 트레이너들과 똑같은 과정을 공부해야 하는 것은 아니다. 내가 보기에는 트레이너들은 하지 않고, 부모들만 하는 '그 무언가'가 아이를 벙어리로 만들고 있다.

한번은 카네기 스쿨 수업 중에 한 아이가 '서든 어택'이라는 온라인 슈팅 게임에 관한 이야기를 하고 있었다. 이 게임은 미성년자 버전과 성인 버전으로 나뉘는데, 미성년자 버전에서는 피가 흰색이다. 자극성과 폭력성을 최소화하기 위한 조치인 셈이다. 그런데 아이 입장에서는 미성년자 버전이 영 재미가 없었던 모양이다.

"그래서 할아버지 주민번호를 알아내서 그걸로 성인 버전에 접속한 거예요."

아이가 신이 나서 더 이야기를 하려는데 갑자기 트레이너가 끼어들었다.

“야, 그러면 안 돼. 너 그거 엄연한 주민번호 도용이야. 부모님도 네가 그러는 거 알고 계시니?”

나중에 트레이너 말을 들어보니 중학교 다니는 자기 아들이 떠올라서 자기도 모르게 ‘학부모 마인드’가 되었다고 한다. 아무튼 트레이너의 그 말 한 마디로 교실 분위기는 찬물이라도 끼얹은 듯 착 가라앉았다. 수업 내내 어떤 아이도 입을 열려 하지 않았다.

이 예는 아이들이 트레이너에게 마음을 쉽게 여는 이유를 역설적으로 보여준다. 트레이너들은 아이들 말에 부모와는 전혀 다른 반응을 보인다. 아이들이 무슨 말을 하더라도 공감하고 경청함으로써 자유로이 이야기할 분위기를 만들어준다. 그런데 트레이너가 자신이 해야 할 일을 망각하고 자기도 모르게 ‘학부모 마인드’가 되는 순간, 아이들은 입을 다문다. 그렇다. 트레이너들은 (거의) 하지 않고, 부모들은 하는 그 무언가, 그것은 바로 잔소리와 꾸중이다.

잔소리와 꾸중에서 해방될 수만 있다면 아이들이 부모 앞에서 하지 못할 이야기가 없다. 어떤 이야기를 해도 부모로부터 이해와 지지를 받는다는 확신이 있다면 얘기하지 말라고 해도 수다쟁이처럼 떠들어댈 것이다.

하지만 현실은 그렇지 못하다. 아이들 말로는 ‘아빠는 핵폭탄, 엄마는 따발총’이다. 아빠는 시선을 늘 TV에 고정한 채 아이 말은 듣는 둥 마는 둥 하다가 한번 잘못 걸리면 핵폭탄처럼 무시무시하게 화를 낸다. 반면 엄마는 언제나 따발총처럼 잔소리를 쏘아붙이는데 결론은 늘 "공부해"로 귀결된다. 한마디로 아빠와도 엄마와도 잔소리나 꾸중 없이는 대화가 불가능하다는 뜻이다. 그러니 아이들 입장에서는 굳이 부모 앞에서 이야기할 필요가 없다. 입만 열면 잔소리와 꾸중이 쏟아지는데 뭣하러 그런 모험을 하겠나.

"그럼 선생님 말씀은 애들이 아무리 기가 막힌 소리를 해도 그냥 두란 거예요? 아이가 잘못된 말이나 행동을 하면 바로잡아줘야지 어떻게 그냥 두고 봐요?"

강연 자리에서 이런 질문을 하는 엄마들도 종종 있었다. 아이 이야기를 듣기만 하고 꾸중이나 잔소리를 하지 말라고 하니 마치 부모 역할을 하지 말라는 소리처럼 들릴 수도 있었겠다. 하지만 우리가 이너뷰를 하는 목적이 무엇인지 떠올려보자. 아이를 변화시키기 위함이었나? 아니다. 이너뷰는 단지 아이의 현재 상황을 파악하기 위한 것이다. 아이가 어떤 생각을 하고 있는지, 왜 그런 행동을 하는지 파악하고 진단하는 것이야말로 가장 먼저 해야 할 일이다. 이런 과정 없이 성급하게 아이를 변화시키려 한다면 어떤 아이도 순순히 따라주지 않는다.

가치질문에 대한 아이 대답이 때로는 부모 마음에 안 들고, 때로는 도덕적으로 문제가 있을 수도 있다. 부모라면 그런 상황에서 당장 해결책을 주고 싶고, 무엇이 옳고 그른지 판결을 내려주고 싶을 것이다.

하지만 자녀 코칭은 잔소리 한 번으로 해결되는 게 아니라 장기 프로젝트다. 아이를 변화시키는 방법은 다음 장에서 소개할 비전 설정 단계에서 충분히 설명될 것이다. 그러니 지금은 꾸중이나 잔소리를 멈추고 그저 아이 말을 들어줄 때다.

카네기 수업 중에 '세상에 소리쳐'라는 코너가 있다. 아이들이 자신을 억압하는 세상에 마음껏 제 할 말을 하며 스트레스를 해소하는 시간이다. 아이들이 주로 어떤 이야기를 하는지 몇 가지 소개해보겠다.

"엄마! 새벽 한 시에 내 방 문구멍으로 훔쳐보지 좀 마. 엄마 그러는 거 나 예전부터 알고 있었거든? 엄마 대체 뭘 걱정해서 그러는 거야? 내가 노트북으로 인강 보는 척하면서 야동 볼까봐 그러는 거지? 엄마, 이젠 더 이상 나 감시하지 마. 내가 다 알아서 할게."

"엄마 말이 맞아. 나 학원 땡땡이치고 인피니트 콘서트 갔다 왔어. 그런데 엄마, 난 가수 뒤꽁무니만 쫓아다니는 얼빠진 애 아니야. 나 좀 믿어주면 안 돼?"

엄마 아빠가 가르쳐주지 않아도 아이들은 자기가 무엇을 잘못했는지, 부모가 뭘 바라는지 너무나 잘 알고 있다. 그뿐만 아니라 스스로 잘못을 고치고 부모의 기대를 충족시키고 싶어 한다. 따라서 아이들에게 필요한 건 잔소리와 꾸중이 아니다. 잔소리와 꾸중은 그나마 빼꼼 열리기 시작한 아이의 마음을 쾅 닫히게 할 뿐이다.

부모에게 마음을 열지 않는 아이는 없다

카네기 스쿨 수료 후 한 아빠가 나를 찾아와 상담을 청했다. 중학생 딸아이가 자기를 싫어하는 것 같아 고민이라고 했다. 수료식 때 부모가 아이를 꼭 안아주는 시간이 있는데 딸아이가 주춤주춤 뒤로 물러서면서 아빠를 거부했다는 것이다. 나로서는 짐작 가는 바가 있었지만 내가 정답을 드리는 것보다 아빠가 아이와의 대화를 통해 찾는 것이 더 나을 것 같아 '이너뷰'를 권해드렸다. 사실질문, 원인질문, 가치질문 순으로 질문을 던지되 서두르지 말고 꾸중과 잔소리 없이 공감하며 경청하시라 말씀드렸더니 노력해보겠다고 하면서 전화를 끊었다.

며칠 후 그 아빠가 다시 전화를 걸어왔다. 딸아이가 좋아하는 예능 프로그램 이야기부터 시작해 차차 가치질문으로 넘어가면서 마침내 수료식 날 아빠의 포옹을 거부한 이유를 물어봤다고 했다. 그러자 아이가 얼굴을 붉히면서 이렇게 대답하더란다.

"내가 얼마 전부터 그걸 했어. 브래지어 말이야. 그래서 아빠가 날 안는 게 왠지 창피하고 쑥스럽더라고. 아빤 그것도 모르고……. 내가 아빠를 싫어하긴 왜 싫어해?"

때론 사소한 오해가 돌이킬 수 없는 관계 악화로 이어지기도 한다. 만일 아빠가 이너뷰를 통해 딸아이의 진짜 속마음을 알아보지 않았더라면 딸을 대하기가 점점 더 어렵고 불편해져 끝내 대화 시도도 어려운 지경까지 갔을지도 모른다.

"이럴 거면 날 왜 낳았어? 엄마가 나한테 해준 게 뭐야?"

한번은 어떤 엄마가 중학생 아들한테서 이런 말을 들었다면서 상담을 요청해왔다. 그 엄마는 아이가 자길 너무 싫어한다면서 어떻게 해야 좋을지 모르겠다고 눈물을 흘렸다. 나는 그 엄마에게 아이의 속마음은 절대 그렇지 않을 거라고 말씀드렸다.

"아이의 말과 행동만으로 속마음을 판단하지 마세요. 지난번 강연 때 말씀드렸던 이너뷰, 기억하시지요? 오늘 집에 돌아가셔서 아이와 이너뷰를 시도해보세요."

며칠 뒤 엄마가 이너뷰 결과를 전화로 전해주었다.

"선생님, 아이가 그 말은 진심이 아니었다고 하네요. 제가 자꾸 몰아붙여서 홧김에 나온 말이라면서 죄송하대요. 아이랑 얘기하면서 저도 많이 반성했어요."

나는 카네기 스쿨을 통해 전교 1등 공부벌레부터 일진까지 다양한 아이들을 만나 이야기를 나눠봤다. 그러면서 내가 깨달은 건 우리 아이들이 정말 순수하고 착하다는 사실이었다. 언론에 '무서운 십대'로 자주 등장하는 소위 '일진' 아이들도 내 쪽에서 먼저 마음을 열고 손을 내밀면 쉽게 마음을 내주었다.

부모에게 절대 마음을 열지 않는 아이는 없다. 단지 부모가 아이의 마음을 여는 방법을 모를 뿐이다. 사실질문, 원인질문, 가치질문을 통해 계속해서 마음의 문을 두드린다면 아이들은 반드시 응답할 것이다.

이너뷰innerview 훈련

이너뷰 가치질문을 통해 아이의 속마음을 알아볼 수 있습니다. 아이에게 아래 문항에 관한 질문을 하고 아이의 대답에 귀 기울여주세요.

□ 아이 자신이 가장 예뻐(멋져) 보일 때는?

□ 아이가 가장 힘들었을 때는?

□ 아이는 어떤 꿈을 갖고 있나?

□ 아이가 생각하는 이상적인 가정의 모습은?

□ 아이는 어떨 때 엄마(아빠)가 가장 좋아 보일까?

□ 아이가 엄마(아빠)에게 바라는 것이 딱 한 가지 있다면?

□ 아이에게 세상에서 가장 소중한 것은?

부모가 꼭 알아야 할 다섯 가지 현재 상황

성공하는 사람들의 5가지 공통점

어떤 가치질문을 해야 아이의 현재 상황을 잘 파악할 수 있을까? 앞서 '아이의 현재 상황'이란 성적, 건강 및 심리 상태, 스트레스 정도, 고민, 좋아하는 친구나 일, 가치관, 꿈과 희망 사항 등을 모두 포함하는 말이라고 설명한 바 있다. 넓고 포괄적인 개념인 만큼 콕 짚어 어떤 질문이어야 한다고 말하기는 어렵다. 모든 아이에게 통용되는 만능 질문이란 없으니 부모가 아이의 특성에 따라, 상황에 따라 융통성 있게 대화해야 한다.

그래도 무얼 알아봐야 할지 감이 오지 않는다면 데일 카네기 트레이닝에서 연구한 '5가지 성공 요소5 Success Drivers'를 참고하면 좋다. 데일 카네기 트레이닝에서 100년간의 교육 노하우를 바탕으로 연구한 결과, 성공하는 사람들은 다음의 다섯 가지 요소를 공통적으로 갖고 있다는 사실을 알아냈다.

1 자신감
2 원만한 인간관계
3 커뮤니케이션 능력
4 리더십
5 걱정 및 스트레스 관리능력

중요한 점은 이 5가지 성공 요소에 '리비히의 법칙'이 적용된다는 것이다. '리비히의 법칙'이란 독일의 식물학자 리비히가 제창한 이론인데, 식물의 성장에 필요한 영양소 가운데 단 하나라도 충분하지 않으면 제대로 성장할 수 없다는 것이다. 그런 의미에서 '최소량의 법칙'이라고도 한다.

카네기의 5가지 성공 요소 역시 단 하나라도 부족한 요소가 있으면 다른 4가지 요소도 충분히 발휘되지 못한다. 다시 말해 이 5가지 자질 모두를 고루 갖추고 있어야 성공할 수 있다는 이야기다. 예를 들어 자신감이 넘치고 인간관계도 원만하며 커뮤니케이션 능력이 뛰어나고 리더십이 있는 아이라도, 걱정 및 스트레스 관리능력이 없으면 작은 실패에도 허망하게 쓰러져 성공과 멀어질 수 있다. 또한 걱정 및 스트레스 관리능력의 부재가 다른 4가지 요소에도 영향을 주어 그 역량을 발휘하지 못하게 하는 일이 비일비재하다.

아이의 현재 상황을 파악한다는 것은 아이가 이 5가지 성공 요소를 얼마나 갖고 있는가를 알아본다는 뜻이다. 만일 하나라도 부족한 요소가 있다면 그것을 정확히 파악하여 보완하고 채워나가야 한다. 그것이 바로 자녀 코칭의 포인트다.

부모와 아이가 함께 작성하는 성공 요소 설문지

다음에 소개하는 설문지는 아이가 앞의 5가지 성공 요소를 얼마나 갖추고 있는지 객관적으로 평가하기 위한 것이다. 이 항목들을 읽어보면 이너뷰 가치질문을 통해 무엇을 파악해야 할지 어느 정도 감이 올 것이다. 이를 바탕으로 아이와 충분히 이너뷰를 한 뒤 본격적으로 설문지에 답을 달아보자.

단, 부모뿐 아니라 아이도 스스로를 평가해 설문을 작성하게 해야 한다. 아이에게 협조를 구하는 팁을 잠깐 소개하면, 부모가 보는 앞에서 지금 당장 하라고 강요해서는 안 된다. 충분한 시간을 주고 스스로를 돌아볼 기회를 주지 않으면 반항심이나 장난기가 가득한 엉터리 설문지를 받게 될 것이다.

5가지 성공 요소 설문지

5 매우 그렇다 | 4 그렇다 | 3 보통이다 | 2 그렇지 않다 | 1 매우 그렇지 않다

자신감

a 자신의 강점이 무엇인지 확실히 알고 있다.	5 4 3 2 1
b 자신의 의견 및 생각을 정확하게 표현한다.	5 4 3 2 1
c 필요하다면 자신의 의견을 끝까지 주장한다.	5 4 3 2 1
d 긍정적으로 생각하고, 적극적으로 행동한다.	5 4 3 2 1
	합계 ________ 점

원만한 인간관계

a 주변에 항상 친구들이 많다.	5 4 3 2 1
b 긍정적인 태도로 친구들을 대한다.	5 4 3 2 1
c 까다로운 사람(선생님)에게도 협조를 잘 얻는다.	5 4 3 2 1
d 처음 만나는 친구들과 빨리 친해진다.	5 4 3 2 1
	합계 ________ 점

커뮤니케이션 능력

a 발표할 때 자신의 생각을 명확히 이야기한다.	5 4 3 2 1
b 이야기를 통해 부모를 잘 설득할 수 있다.	5 4 3 2 1
c 자신의 아이디어를 간결하고 분명하게 표현한다.	5 4 3 2 1
d 경청을 잘한다.	5 4 3 2 1
	합계 ________ 점

리더십

a 친구들에게 칭찬과 감사의 말을 자주 한다.	5 4 3 2 1
b 문제 해결을 위해 끝까지 노력한다.	5 4 3 2 1
c 친구들과 함께할 때 주도적인 역할을 한다.	5 4 3 2 1
d 친구들을 배려한다.	5 4 3 2 1
	합계 ________점

걱정 및 스트레스 관리능력

a 부모에게 짜증을 내지 않는다.	5 4 3 2 1
b 자신의 스트레스 및 고민의 원인을 알고 있다.	5 4 3 2 1
c 자신만의 스트레스 해소법이 있다.	5 4 3 2 1
d 자신의 스트레스를 부모와 공유한다.	5 4 3 2 1
	합계 ________점
	전체 합계 ________점

자, 점수를 다 매겼으면 각 요소별로 몇 점이나 되는지 계산해보자. 15점 이하를 받은 요소가 하나라도 있다면 리비히의 법칙에 따라 다른 네 요소의 점수도 가장 낮은 요소의 점수에 맞춰진다. 예를 들어 자신감, 인간관계, 커뮤니케이션 능력, 리더십에서 각 16점씩을 받았는데, 스트레스 관리능력에서 12점을 받았다면, 다른 네 요소의 점

수도 각 12점으로 계산되어 총합이 60점이 되는 것이다. 만약 총합이 50점 이하라면 안타깝지만 아이의 성공 잠재력은 낮다고 봐야 한다.

자녀 코칭 세미나에서 이 설문조사를 하면 여파가 상당하다. 세미나가 끝난 뒤 큰일 났다면서 달려오는 엄마들이 꽤 많다.

"선생님, 우리 애는 45점밖에 안 나오는데 어떻게 해요. 그럼 우리 애는 앞으로 어떤 일을 해도 성공 못하는 거예요?"

사실 독자들도 이런 반응을 보일까봐 매우 염려스럽다. 사실 이 설문지는 부모가 아이를 평가하라고 만든 것이 아니다. 아이가 직접 설문지를 작성하면서 자신에게 어떤 요소가 부족한지 깨닫게 하려는 게 본래 목적이다. 그런데도 내가 부모들에게 이 설문지를 공개하는 것은 이것이 아이의 현재 상황을 파악하는 효율적인 도구가 될 수 있기 때문이다.

자녀 코칭에서 이 설문지를 쓰는 목적은 두 가지다. 첫째는 5가지 요소 중 우리 아이에게 부족한 것이 무엇인지 정확하게 파악하고, 그것을 끌어올리는 코칭을 하기 위해서다. 둘째는 부모가 파악한 아이의 모습과 아이 스스로가 파악하는 모습이 얼마나 일치하는지 알아보기 위해서다. 알다시피 부모가 점수를 잘못 매겼을 가능성은 얼마든지 있다. 예를 들어 리더십 요소 중 '친구들을 배려한다' 항목에 부모는 2점을 매겼는데, 아이는 자신에게 4점을 줄 수도 있다. 따라서 이 설문조사는 반드시 아이와 함께해야 한다. 만일 부모가 매긴 점수와 아이가 직접 매긴 점수에 차이가 있다면 아이의 현재 상황을 정확하게 파악하지 못했다는 뜻이다.

거듭 말하지만 총합 50점을 기준으로 아이의 성공 가능성을 점치려 하면 안 된다. 이 설문지는 '될 성 부른 나무'를 가려내려는 게 아니라 아이의 현재 상황을 파악하기 위한 도구라는 사실을 잊지 말자. 부모가 아이의 현재 상황을 정확하게 파악하면 코칭의 방향을 정할 수 있고, 부모가 올바르게 코칭하면 아이는 반드시 달라진다.

5가지 현재 상황 설문지
(부모용)

다음 문항을 읽고 우리 아이에게 해당되는 점수에 동그라미하세요.

5 매우 그렇다 | 4 그렇다 | 3 보통이다 | 2 그렇지 않다 | 1 매우 그렇지 않다

자신감

a 자신의 강점이 무엇인지 확실히 알고 있다.	5	4	3	2	1
b 자신의 의견 및 생각을 정확하게 표현한다.	5	4	3	2	1
c 필요하다면 자신의 의견을 끝까지 주장한다.	5	4	3	2	1
d 긍정적으로 생각하고, 적극적으로 행동한다.	5	4	3	2	1

합계 ________점

원만한 인간관계

a 주변에 항상 친구들이 많다.	5	4	3	2	1
b 긍정적인 태도로 친구들을 대한다.	5	4	3	2	1
c 까다로운 사람(선생님)에게도 협조를 잘 얻는다.	5	4	3	2	1
d 처음 만나는 친구들과 빨리 친해진다.	5	4	3	2	1

합계 ________점

커뮤니케이션 능력

a 발표할 때 자신의 생각을 명확히 이야기한다.	5	4	3	2	1
b 이야기를 통해 부모를 잘 설득할 수 있다.	5	4	3	2	1
c 자신의 아이디어를 간결하고 분명하게 표현한다.	5	4	3	2	1

d 경청을 잘한다.	5 4 3 2 1
	합계 ______점

리더십

a 친구들에게 칭찬과 감사의 말을 자주 한다.	5 4 3 2 1
b 문제 해결을 위해 끝까지 노력한다.	5 4 3 2 1
c 친구들과 함께할 때 주도적인 역할을 한다.	5 4 3 2 1
d 친구들을 배려한다.	5 4 3 2 1
	합계 ______점

걱정 및 스트레스 관리능력

a 부모에게 짜증을 내지 않는다.	5 4 3 2 1
b 자신의 스트레스 및 고민의 원인을 알고 있다.	5 4 3 2 1
c 자신만의 스트레스 해소법이 있다.	5 4 3 2 1
d 자신의 스트레스를 부모와 공유한다.	5 4 3 2 1
	합계 ______점
	전체 합계 ______점

5가지 현재 상황 설문지

(자녀용)

다음 문항을 읽고 자신에게 해당되는 점수에 동그라미하세요.

5 매우 그렇다 | 4 그렇다 | 3 보통이다 | 2 그렇지 않다 | 1 매우 그렇지 않다

자신감

a 자신의 강점이 무엇인지 확실히 알고 있다.	5	4	3	2	1
b 자신의 의견 및 생각을 정확하게 표현한다.	5	4	3	2	1
c 필요하다면 자신의 의견을 끝까지 주장한다.	5	4	3	2	1
d 긍정적으로 생각하고, 적극적으로 행동한다.	5	4	3	2	1

합계 ________ 점

원만한 인간관계

a 주변에 항상 친구들이 많다.	5	4	3	2	1
b 긍정적인 태도로 친구들을 대한다.	5	4	3	2	1
c 까다로운 사람(선생님)에게도 협조를 잘 얻는다.	5	4	3	2	1
d 처음 만나는 친구들과 빨리 친해진다.	5	4	3	2	1

합계 ________ 점

커뮤니케이션 능력

a 발표할 때 자신의 생각을 명확히 이야기한다.	5	4	3	2	1
b 이야기를 통해 부모를 잘 설득할 수 있다.	5	4	3	2	1
c 자신의 아이디어를 간결하고 분명하게 표현한다.	5	4	3	2	1

d 경청을 잘한다. 5 4 3 2 1

합계 ________ 점

리더십

a 친구들에게 칭찬과 감사의 말을 자주 한다. 5 4 3 2 1

b 문제 해결을 위해 끝까지 노력한다. 5 4 3 2 1

c 친구들과 함께할 때 주도적인 역할을 한다. 5 4 3 2 1

d 친구들을 배려한다. 5 4 3 2 1

합계 ________ 점

걱정 및 스트레스 관리능력

a 부모에게 짜증을 내지 않는다. 5 4 3 2 1

b 자신의 스트레스 및 고민의 원인을 알고 있다. 5 4 3 2 1

c 자신만의 스트레스 해소법이 있다. 5 4 3 2 1

d 자신의 스트레스를 부모와 공유한다. 5 4 3 2 1

합계 ________ 점

전체 합계 ________ 점

Bonus Page

아이와의 대화에 꼭 필요한 7가지 카네기 처방

1 아이와 논쟁을 벌이지 말라.

아이와 의견이 다르더라도 부모가 옳다는 것을 증명하기 위해 논쟁을 벌여서는 안 된다. TV 토론 프로그램을 보라. 토론을 통해 마음을 바꾸는 출연자가 한 명이라도 있는가. 아이도 마찬가지다. 부모가 백 번 옳아도 아이가 마음을 바꾸려 들지 않으면 소용없다.

2 아이가 틀렸다고 하지 말라.

사람은 누군가로부터 '네가 틀렸다'라는 소리를 들으면 본능적으로 자신을 변호하려 한다. 그리고 상대가 아무리 훌륭한 증거를 대도 의견을 바꾸려 하지 않는다. 왜냐하면 감정이 상했기 때문이다. 이것은 어른뿐 아니라 아이에게도 해당되는 말이다. 화기애애한 분위기에서도 아이 마음을 바꾸기란 쉬운 일이 아닌데, 굳이 "네가 틀렸어."라는 말로 감정을 상하게 할 필요가 없다. 그런 의미에서 영국의 시인 알렉산더 포프의 말을 명심하자.
"사람을 가르칠 때는 가르치지 않는 것처럼 하면서 가르치고, 새로운 사실을 제안할 때는 마치 그 사람이 잊어버렸던 것을 우연히 다시 생각하게 된 것처럼 제안하라."

3 엄마도 잘못이 있다는 것을 인정하라.

아이에게 서랍 정리를 하라고 했는데 아이가 도리어 "그러는 엄마는? 엄마도 화장대 서랍 정리 안 하잖아."라고 했다면? 아마도 집에 핵폭탄이 터질 것이다. 아이가 버릇없고 괘씸하다고 생각한 엄마가 아이를 그냥 두지 않을 테니까.

하지만 아이의 그런 말에 엄마가 "아, 생각해보니 그러네. 엄마도 평소에 서랍 정리 잘 안 하면서 지연이한테만 하라고 했구나. 그럼 우리 각자 서랍 정리나 해볼까?"라고 반응하면 어떨까. 아이는 고분고분하게 서랍 정리를 하게 될 것이다.

엄마의 잘못을 솔직하게 인정한다고 권위를 잃는 것은 아니다. 오히려 잘못을 인정하지 않는 엄마가 존경과 권위를 잃는다.

4 우호적인 태도로 시작하라.

대화 좀 하자면서 대뜸 야단부터 치는 엄마들이 있다. 이런 경우 아이가 어떤 반응을 보일지는 뻔하다. 정말로 아이와 대화를 나누고 싶다면 우선 우호적인 태도를 보여야 한다. 그렇지 않으면 대화를 시작하기도 전에 서로 감정만 악화될 것이다.

Bonus Page

5 긍정적인 대답을 유도하라.

소크라테스는 자기와 의견이 다른 사람들과 대화할 때 우선 동의하지 않을 수 없는 문제부터 질문을 던졌다. 그러고는 한 가지씩 상대의 동의를 구해 나갔다. 이런 방법으로 소크라테스는 상대가 불과 몇 분 전만 해도 기를 쓰고 반대했을 어떤 결론을, 상대가 미처 깨닫기도 전에 스스로 수용할 때까지 계속 질문했다.

소크라테스 대화법은 아이와의 대화에도 유용하다. "공부가 왜 그렇게 싫어?"처럼 부정적인 답변이 예상되는 질문을 피하고 대신 긍정적인 답변을 유도해보자. 그러다 보면 아이도 모르게 엄마의 제안에 긍정적인 대답을 하게 될 것이다.

6 아이가 더 많이 말하게 하라.

아이를 설득하려면 엄마가 아닌 아이가 스스로 말하게 해야 한다. 아이의 일이나 문제에 대해서는 누구보다도 아이가 더 잘 안다. 그러니 질문을 하라. 그리고 아이가 대답하게 하라. 아이가 말하는 중간에 말참견을 하고 싶어도 참고, 마음을 활짝 연 채 끈기 있게 들어주어야 한다. 그리고 아이가 생각을 충분히 말할 수 있도록 격려해주어야 한다.

7 아이 스스로 해결책을 찾도록 도와줘라.

사람은 타인에 의해 강요된 의견보다 스스로 생각해낸 의견을 더 신뢰한다. 따라서 아이에게도 엄마 의견을 강요하기보다 제안하는 편이 더 효과적이다. "시험이 보름 남았는데 공부 안 해?"라고 말하면 아이는 반항심만 갖는다. 하지만 "이번 중간고사 준비는 언제부터 시작하는 게 좋겠니?"라고 의견을 물으면 엄마의 강요가 아니라 제 스스로 공부 계획을 짰다는 생각에 보다 주도적으로 공부를 하게 된다.

3

Dale Carnegie Coaching for Teens

카네기 자녀 코칭 | **2단계**

비전 설정하기

Dale Carnegie
Coaching for
Teens

비전을 가지면 아이의 인생이 바뀐다

비전은 마감일이 있는 꿈이다

《어린 왕자》의 작가 생텍쥐페리는 이렇게 말했다.

"만일 당신이 배를 만들고 싶다면 사람들을 불러 모아 목재를 가져오게 하고 일을 지시하고 일감을 나눠주는 등의 일을 하지 말라. 대신 그들에게 저 넓고 끝없는 바다에 대한 동경심을 키워줘라."

남의 지시로 마지못해 일하는 사람과 바다에 대한 동경심이 넘쳐 자발적으로 일하는 사람, 둘 중 누가 더 아름답고 튼튼한 배를 만들까? 마음속에 바다에 대한 동경심을 채운 이는 누군가가 억지로 일을 시키지 않아도 스스로 의욕에 차서 배를 만들 것이다. 그래야 꿈에 그리던 넓고 끝없는 바다에 나갈 수 있을 테니까.

아이 키우는 부모도 배를 만들고자 하는 사람과 같다.

'공부하라고 잔소리하고, 게임 못하게 감시하고, 나쁜 친구들과 어울릴까 걱정하지 말라. 대신 아이에게 비전을 갖게 하라.'

이것이 바로 카네기 자녀 코칭 2단계에서 해야 할 일이다. 1단계에서 아이의 현재 상황에 대해 파악했다면, 2단계에서는 그에 맞는 비전을 설정함으로써 스스로 자기 삶을 이끄는 아이로 만드는 것이 목표다. 그러기 위해서는 비전이 무엇인지, 인생에서 비전을 설정하는 것이 왜, 그리고 얼마나 중요한 일인지 알아야 한다. 따라서 이제부터 소개할 내용은 부모뿐 아니라 아이도 함께 읽어야 한다. 아이가 거부하면 강압적으로 읽히지 말고 대화를 통해 자연스럽게 내용을 이해시키는 방법도 있다. 카네기 자녀 코칭 1단계를 통해 대화의 기술을 습득한 부모라면 크게 어렵지 않을 거라 믿는다.

비전을 가지라는 말은 흔하게 하는데, 비전의 정확한 뜻을 아는 이는 별로 없다. 과연 비전이 무엇일까? 비전과 꿈은 어떻게 다를까? 꿈과 비전에 관한 정의는 수십 가지가 넘는다. 그 가운데 나는 《기적의 비전 워크숍》의 저자이자 IMD(스위스 국제경영개발원)의 교수인 자크 호로비츠 박사의 정의를 주로 인용한다.

"비전은 마감일이 있는 꿈이다Vision is a Dream with Deadline."

맞다. 비전은 꿈이다. 그런데 일반적인 꿈과 결정적으로 다른 점이 있다. 바로 '마감일'이 있다는 것이다. 예를 들면 "나는 변호사가 되고 싶다."는 그저 꿈에 불과하다. 그러나 "나는 26세 안에 변호사시험에 합격한다." 하면 비전이 된다. 마찬가지로 "과학자가 되고 싶다."는 건 꿈이고, "과학자가 되기 위해 20대에 박사학위를 따고 40대에는 노벨물리학상을 받는다."는 것은 비전이다. 즉, 마감일이 있고 없고가 꿈과 비전을 가르는 기준이 되는 것이다.

마감일이 있다는 것은 그만큼 효율적으로, 계획성 있게, 추진력을 갖고 일한다는 것을 뜻한다. 꿈도 그렇다. 막연히 상상의 날개만 펼친다고 꿈이 이뤄지진 않는다. 꿈을 현실로 만드는 것은 바로 마감일이다. 마감일을 설정하는 순간, 꿈은 상상에서 현실로 넘어와 비전이 된다. 그래서 '꿈은 꾸고', '비전은 이룬다'고 하는 것이다.

비전을 가진 아이는 주도적으로 삶을 이끈다

"저는 프로야구 선수가 되고 싶습니다. 일류 프로야구 선수가 되기 위해 초등학교 3학년 때부터 1년 중 360일 동안 혹독한 훈련을 하고 있습니다. 이렇게 열심히 연습하면 언젠가는 프로야구 선수가 되리라 확신합니다. 저는 17세에 3할을 치고 싶습니다. 그래서 저의 백넘버는 두 수를 곱한 51번이었으면 좋겠습니다. 일본에서 최고가 된 후에는 메이저리그로 가서 MVP를 타는 것이 저의 목표입니다."

이것은 일본인 메이저리거, 스즈키 이치로가 14살 때 학교 문집에 썼던 글이다. 스즈키 이치로는 메이저리그에서 아시아 선수로는 최초로 10년 연속 외야수 부문 골든글러브 수상, 1000점 득점이라는 기록을 세운 전설적인 선수다. 그는 결코 비전에 대해 배운 적이 없었지만 스스로 '17세에 3할을 치겠다'는 비전을 세우고 이를 이루어 일본의 현존하는 최고의 야구선수가 되었다.

국회의원 정세균은 가난한 어린 시절을 보냈다. 너무나 가난해 꿈조차 꿀 여유가 없었다. 그러던 어느 날, 우연히 국회의원 선거 포스터를 보고는 마흔 살이 되면 이 포스터 속의 사람들처럼 반드시 국회의원이 되리라 마음먹었다. 그리고 정확히 마흔 살 되던 해, 15대 국회의원 선거에 출마해 당당히 당선되었다.

나는 성공한 사람과 그렇지 않은 사람의 차이는 단 하나라고 생각한다. 삶을 주도하는가, 아니면 삶에 끌려 다니는가. 스즈키 이치로나 정세균 의원은 분명 삶을 주도하는 사람들이었다. 인생의 어느 시점에 어디에 도달할지 그 결승점을 알고 있었기에, 즉 비전이 있었기에 가능한 일이었다. 그들은 일찍이 명확한 비전을 설정했고, 그것을 이루기 위해 삶을 주도적으로 이끌어 갔다.

반면 성공하지 못하는 사람들은 삶에 질질 끌려 다닌다. 형편 따라 상황 따라, 자기 삶의 주도권을 잃은 채 이리저리 휩쓸린다. 안타깝게도 자기 인생을 주도할 만한 시기를 훌쩍 넘긴 어른들도 그렇다. 바로 비전이 없기 때문이다.

나 역시 서른 살이 되기 전까지는 비전이 무엇인지조차 몰랐다. 그러다 데일 카네기 트레이닝을 접하면서 비전을 알게 되었고, 나이 서른에 비전을 설정했다. 만일 내가 이치로 선수나 정세균 의원처럼 보다 일찍 비전을 세웠더라면 지금보다 훨씬 더 많은 것을 이룰 수 있었을 거라 생각한다.

그런 의미에서 우리 아이들에게는 훨씬 더 많은 기회와 가능성이 있는 셈이다. 그러나 안타깝게도 카네기 스쿨에 오는 아이들 열에 아홉은 꿈은 있을지언정 비전이 없다. 막연하게 선생님, 연예인, 공무원, 사업가 등을 꿈꾸지만 몇 살까지 어떤 과정을 통해 그것에 이를 것인지 명확하게 계획하고 있는 아이들은 아주 드물다. 그나마 꿈이라도 있으면 다행이다. 2012년 5월 발표된 한국고용정보원의 진로교육실태조사보고서에 따르면 "장래희망이 아예 없다"고 답한 중학생이 34.4%, 고등학생은 32.3%나 됐다. 진학 고등학교 계열을 결정한 이유에 대해 물었더니 "원하는 장래희망을 이루기 위해"라고 분명한 목적의식을 밝힌 중학생은 겨우 10.6%였다. 대부분은 "특별한 이유 없음", "성적에 따라", "원하는 대학에 가려고"라고 답했다. 고등학생들이라고 크게 다르지 않았다. 진로를 결정하는 기준에 대해 뚜렷한 고민 없이 단지 입시 점수에 맞춰 결정한다고 답한 아이들이 많았다.

요즘 아이들은 왜 꿈이 없을까. 전문가들에 따르면, 역설적이게도 지나친 학업 부담이 꿈 없는 아이들을 만들고 있다고 한다. 공부하느라 너무나 바쁜 나머지 자기 장래를 계획하지 못한다는 것이다. 장래희망을 이루기 위해 공부하는 것이 바른 순서일 텐데, 우리 아이들은 공부하느라 장래희망을 생각할 여유조차 갖지 못한다. 일단은 부모가 시키는 대로 공부부터 하고, 성적이 어떻게 나오느냐에 따라 거기에 맞춰 장래희망을 결정하는 식이다. 이런 상황에서 아이들에게 자기주도적인 삶을 살라고 한다면 그것은 지나친 욕심이 아닐까?

요즘 강남에는 소위 '자기주도학습을 위한 특강'도 있다고 한다. '자기주도학습'이라 하면 아이 스스로 알아서 공부한다는 뜻일 텐데, 그 방법까지 과외를 받는다니 참 씁쓸한 현실이다. 소위 자기주도 전문가라는 사람들의 주장과는 달리 자기주도란 남한테 배운다고 되는 것이 아니다. 우선 아이 마음에 비전이 명확하게 그려져야 한다. 넓고 끝없는 바다에 대한 동경이 있어야 배를 잘 만들 수 있는 것과 같은 이치다.

헬렌 켈러는 앞을 보지 못하는 것보다 더한 불행이 있느냐는 질문에 "볼 수는 있지만 비전은 없는 것"이라고 대답했다. 헬렌 켈러의 말처럼 아이의 인생에서 비전을 세우는 것만큼 중요한 일은 없다. 엘리베이터를 탔는데 층수를 누르지 않으면 어떻게 될까. 지금 우리 아이들의 현재 상황이 그렇다. 우리 아이들은 지금 엘리베이터 안에서 올라가지도 내려가지도 못하고 머물러 있다. 비전이 없기 때문이다. 그렇다면 부모가 해야 할 일이 무엇인지는 자명하다. 아이들에게 비전을 심어주어야 한다. 아이들 스스로 원하는 층수의 버튼을 누르고 엘리베이터를 움직이게 해야 한다.

우리 애는 왜 아침마다 등짝을 때려야만 일어나는지, 왜 책상 앞에 앉히기가 그리 어려운지, 왜 휴일이면 컴퓨터 게임이나 카톡으로 시간을 낭비하는지 정말 이해가 안 되는가. 결론은 하나다. 비전이 없기 때문이다. 아이들 마음에 비전을 심어줄 수만 있다면 자기주도적 삶과 열정은 부록처럼 따라오게 마련이다.

비전을 심어준다 하니 어쩐지 거창하고 어렵게 들릴지도 모르겠다. 하지만 방법만 안다면 결코 어려운 일이 아니다. 비전을 갖게 하는 일은 수학 미적분을 가르치기보다 쉽다. 다음 장에서 멈춰 있는 아이의 엘리베이터를 움직이게 하는 법, 비전을 설정하는 구체적인 방법에 대해 설명하겠다.

성공하는 비전을 만드는 카네기의 3P 공식

확신과 성공을 부르는 '강력한 언어'

비전은 100년 동안 검증되어온, 데일 카네기의 '3P 공식'에 따라 설정해야 한다. '3P 공식'은 'P'로 시작하는, 비전 설정의 세 가지 도구를 일컫는 말이다.

Powerful Language (강력한 언어)

Present Tense (현재 시제)

Positive Images (긍정적 이미지)

이제 이 세 가지 'P'를 활용하여 어떻게 비전을 만들 수 있는지 구체적으로 알아보자.

첫 번째 P는 'Powerful Language' 즉 '강력한 언어'다. 비전은 막연하고 추상적으로 표현해서는 안 된다. 강렬한 믿음과 확신을 갖고 생생하게 그리는 것이 중요하다. 따라서 "나는 스무 살에 서울대학교에 들어갔으면 좋겠어." 하지 말고 "나는 스무 살에 반드시 서울대학교에 입학한다."라고 해야 한다. "나는 25세 이전에 임용고시에 합격하고 싶어."가 아니라 "나는 25세 이전에 반드시 임용고시에 합격한다."라고 해야 비전이 이루어진다.

'아마도 ~할 거야'와 '반드시 ~한다'에는 엄청난 차이가 있다. 전자는 막연한 희망사항과 예상을 표현한 말이지만, 후자는 의지와 신념이 담긴 말이다. '반드시 ~한다'라는 강력한 언어에는 비전을 현실로 만드는 힘이 있다.

캐시어스 클레이라는 권투 선수가 있었다. 그는 1960년 로마 올림픽에 미국 대표로 출전해 라이트 헤비급 금메달리스트가 되었다. 그리고 그 해 10월에 프로로 전향했다. 수많은 상대와 격전을 벌여 승리를 거둔 그는 마침내 1964년 2월, 헤비급 챔피언인 리스튼에 도전장을 던졌다. 리스튼은 2년 동안 헤비급 챔피언 자리를 굳건히 지켜온 인물이었다. 그런 만큼 사람들은 클레이가 결코 승리하지 못할 거라 확신했다.

시합을 며칠 앞둔 어느 날, 클레이는 한 신문과 인터뷰를 하면서 이렇게 말했다.

"나는 세계 최고다!"

하지만 신문은 클레이의 이 말에 느낌표 대신 물음표를 달아 헤드라인으로 썼다.

"나는 세계 최고다?"

그러고는 클레이를 한껏 비웃는 내용의 기사를 실었다. 하지만 클레이는 모든 이들의 예상을 뒤엎고 리스튼을 8회 KO로 물리쳐 챔피언 자리에 올랐다. 이후 그는 세계 순회 경기를 돌면서 "나는 세계 최고다!"라는 말을 되풀이했다. 그리고 상대를 몇 회에 쓰러뜨릴지도 예언하기 시작했다. 그의 예언은 한두 경기를 제외하고는 모두 적중했다. 클레이는 훗날 이슬람교로 개종하면서 이름을 바꾸었다. 무하마드 알리. 이 놀라운 기적을 일으킨 사나이는 바로 전설의 무하마드 알리였다.

그는 결코 "나는 세계 최고가 되고 싶다."고 말하지 않았다. "나는 세계 최고다."라는 강력한 언어를 사용했고, 실제로 세계 최고가 되었다. 그는 링에 오르기 전에 "나비처럼 날아 벌처럼 쏜다." 등의 명언을 남기기로 유명했는데, 그런 '강력한 언어'들이야말로 그가 세계 최고의 복서로 우뚝 서게 한 일등공신이었다. '입만 살아 떠드는 복서' 취급을 받기 싫어서 죽기 살기로 훈련에 매진했기 때문이다.

무하마드 알리의 예처럼 강력한 언어는 자기 확신과 의지를 불러일으킨다. 그리고 실제로 성공을 강력하게 끌어당기는 역할을 한다.

바로 이런 이유 때문에 비전은 강력한 언어로 표현해야 한다.

꿈을 현실화하는 '현재 시제'

두 번째 P 공식은 비전을 'Present Tense' 즉 '현재 시제'로 설정하라는 것이다. 비전은 마감일에 따라 단기비전, 중기비전, 장기비전으로 나눌 수 있다. 예를 들면 이번 기말고사에서 전교 50등 안에 들겠다는 것은 단기비전, 모 대기업에 입사하겠다는 것은 중기비전, 70세 이후 퇴직해 자원봉사를 하며 살겠다는 것은 장기비전일 수 있다. 어떤 것이든 비전이란 미래의 모습일 수밖에 없다. 하지만 그렇다고 해서 비전을 미래 시제로 표현해서는 안 된다. 반드시 현재 시제로 생생하게 표현해야 한다.

지난 2011년 겨울, 오륜중학교 2학년 학생들을 대상으로 비전 설정 교육을 했다. 아이들에게 5년 후 자신의 모습을 그려보라고 한 뒤 발표를 시켰더니 한 아이가 일어나 말했다.

"5년 후 저는 연세대학교 경영학부에 합격해 오리엔테이션을 받고 있을 거 같아요."

나는 그 아이에게 5년 뒤 자신의 모습을 미래 시제가 아닌, 현재 시제로 바꾸어 표현해보라고 했다. 아이의 비전은 이렇게 바뀌었다.

"2017년, 저는 지금 연세대학교 신입생 오리엔테이션 자리에 와 있어요. 훌륭한 교수님들이 제 앞에 앉아 계시고, 부모님은 저를 자랑스러운 표정으로 지켜보고 계세요. 저는 동기들과 함께 뿌듯한 마음으로 총장님의 강연을 듣고 있어요."

이렇게 미래의 모습을 생생하게 현재 시점으로 보는 것, 이것을 '비저닝Visioning'이라고 한다. 타임머신을 타고 내 비전의 마감일로 날아가 그 순간을 직접 보는 것처럼 표현하는 것이다.

비저닝이 효과적인 이유는 사람의 뇌가 상상과 실제를 잘 구별하지 못하기 때문이다. 지금 당장 아주 매운 떡볶이를 먹고 있다고 상상해보라. 실제로 떡볶이를 먹고 있지 않은데도 입속에 침이 고이기 시작한다. 뇌가 상상으로 만들어진 이미지와 실제를 구별하지 못하고 침을 내보내는 명령을 내리기 때문이다.

아내가 임신 기간에 참고했던 육아 서적에도 이와 비슷한 예를 찾을 수 있었다. 유축기를 이용해 젖을 짤 때 아기 사진을 보면 젖이 잘 돈다는 것이다. 아기를 떠올리기만 해도 엄마의 뇌에서 실제로 아기에게 젖을 물릴 때와 동일한 반응이 일어나기 때문이다.

이렇듯 우리가 어떤 일을 강렬하게 상상하면 우리의 뇌는 그것을 현실로 받아들인다. 강렬한 현재 시제로 비전을 그리면 그것을 현실화하기 쉬워진다는 말이다.

2012년 수능 만점자 김승덕 군은 만점의 비결을 묻는 기자의 질문에 이렇게 대답했다.

"'남자라면 수능 만점'이라는 생각을 늘 했어요. 그리고 천장 위에 수능 만점 성적표를 그려 붙이고 잠자기 전에 항상 쳐다봤어요."

김승덕 군은 누구보다도 강렬한 현재 시제로 비전을 설정했다. 막연하게 수능 만점을 받은 자신을 상상한 데 그치지 않고 실제로 그 성적표를 그려 눈앞에 붙여놓았던 것이다. 아마도 김승덕 군은 매일 밤마다 수능 만점 성적표를 받아든 자신을 현재 시제로 생생하게 느꼈을 것이다. 그리고 그런 강렬한 상상이 실제 수능 만점이라는 현실로 이어졌음에 틀림없다.

성공을 끌어당기는 '긍정적 이미지'

마지막 P는 바로 'Positive Image' 즉 '긍정적 이미지'다. 카네기 스쿨 수업 중에 고등학교 1학년 아이에게 3년 뒤의 비전을 그려보라고 했다. 아이는 잠시 생각하더니 쑥스럽게 웃으며 말했다.

"어……. 왠지 재수하고 있을 것 같은데요."

그 말에 모든 아이들이 웃음을 터뜨렸다. 아이의 말은 친구들의 공감은 샀을지 몰라도 비전으로는 적합하지 못했다. 비전은 부정적이어서는 안 되며 반드시 긍정적이어야 한다.

"비전은 지금보다 더 나은 모습, 성공한 모습을 그리는 것입니다. 다시 한 번 3년 뒤 자신의 모습을 그려볼까요?"

내 설명을 들은 아이는 총명하게도 이렇게 대답했다.

"사실 저는 경찰대학에 들어가고 싶어요. 그런데 지금 성적으로는 어림도 없는 꿈이라 부정적으로 말씀드렸던 거예요. 선생님 말씀을 듣고 보니 제가 잘못 생각했나 봐요. 다시 말씀드릴게요. 3년 후의 저는 경찰대학에서 승마를 배우고 있습니다."

베스트셀러 《성공의 법칙》의 저자 맥스웰 몰츠는 인간의 뇌는 설정된 목표를 자동적으로 수행하는 미사일의 유도 장치와 같다고 하면서 이것을 '사이코-사이버네틱스Psycho-Cybernetics(정신적 자동유도장치)'라고 명명했다. 우리가 성공이라는 목표를 설정하면 정신적 자동유도장치에 의해 성공을 향해 나아가게 되지만, 반대로 실패를 떠올리면 결국 실패하게 된다는 것이다. 결국 긍정적인 자기 이미지를 가져야 성공할 수 있다는 말이다.

15년간 세계 단거리 육상계를 주름잡았던 영웅 칼 루이스는 시합 때마다 첫 번째로 골인 지점을 통과하는 자신의 모습을 반복해서 상상했다고 한다. 칼 루이스의 이야기는 긍정적인 자기 암시가 얼마나 놀라운 효과를 발휘하는지 잘 보여준다. 긍정적인 자기 암시는 우리 마음속 깊은 곳에서부터 자신감을 불러일으키고 성공을 확신하게 한다. 그리고 결국에는 우리를 성공으로 이끈다.

강력한 언어, 현재 시제, 긍정적 이미지, 이 세 가지 공식에 따라 비전을 설정했는가? 그렇다면 기대하라. 꿈이 현실로, 의심이 확신으로, 가능성이 성공으로 이어지는 놀라운 변화를 곧 보게 될 것이다.

비전을 이루는 마술 주문, Think · Write · Share!

비전을 적어라, 그러면 이루어진다!

'성공의 3% 법칙'에 대해 들어본 적이 있는가? 1953년 미국 예일대에서 졸업생들을 대상으로 삶의 목표에 대한 조사를 실시했다.

"당신은 인생의 구체적 목표와 계획을 글로 써놓았습니까?"

이 질문에 졸업생의 단 3%만이 그렇다고 답했다. 나머지 97%는 아예 목표가 없다거나, 목표는 있지만 글로 적지는 않았다고 답변했다. 그로부터 20년이 지난 1973년, 그 졸업생들 가운데 생존자들을 대상으로 이번에는 경제적 부에 대한 조사를 했다. 그랬더니 졸업 당시에 목표와 계획을 글로 적어놓았다고 답했던 3%가 나머지 97%의 부를 모두 합한 것보다 훨씬 더 많은 부를 갖고 있었다.

예일대 조사 이후 하버드 경영대학원에서도 이와 비슷한 연구가 있었다. 1979년 하버드 MBA 과정 수료생에게 예일대 실험 때와 동일한 질문을 했다. 그 결과 예일대와 마찬가지로 단 3%만이 자신의 목표와 계획을 기록해 놓았다고 대답했다. 13%는 목표는 있지만 기록하지는 않았고, 84%는 아예 목표조차 없었다. 10년 후, 목표는 있되 기록은 하지 않았다고 답했던 13%는 목표조차 없었던 84%에 비해 두 배의 수입을 얻고 있었다. 그리고 목표를 기록해 두었다고 답했던 3%는 나머지 97%보다 무려 10배나 많은 소득을 올리고 있다는 결과가 나왔다.

부의 축적이 성공을 가늠하는 기준은 아니다. 소득은 적을지라도 명성을 얻었거나 자기 만족감이 크다면 그 역시 성공이라 할 수 있다. 따라서 예일대와 하버드 경영대학원 실험에서 말하는 재산이란 성공의 절대적 기준이 아니라 하나의 가치 척도로 봐야 한다. 요컨대 이 두 실험이 말하는 바는 비전을 설정하는 것 못지않게 그것을 글로 기록하는 것도 중요하다는 사실이다.

비전을 설정하는 것만으로도 아이들의 인생은 달라진다. 그러나 비전을 구체적으로 글로 적어 늘 지니고 다니면 그 효과는 더욱 확실해진다. 그 또 다른 예가 바로 세계적인 탐험가 존 고다드의 '꿈의 목록'이다.

15세의 존 고다드는 일생을 통해 꼭 이루고 싶은 꿈의 목록을 노트에 적어 보았다. 베토벤의 월광 소나타를 피아노로 연주하기, 보이스카우트에 가입하기, 셰익스피어 작품 읽기, 낙하산 타고 하강하기, 비행기 조종법 배우기 등 다양한 꿈들이 노트를 채웠다. 그 가운데는 달나라 여행이나 에베레스트 등정, 아마존 탐험처럼 쉽게 이룰 수 없는 꿈들도 있었다. 이렇게 적어 내려간 127개의 꿈 이야기는 40년 후 〈라이프〉지의 '꿈을 이룬 사나이'라는 기사를 통해 세상에 알려졌다. 당시의 존 고다드는 127개 목록 가운데 무려 106개의 꿈을 이룬 상황이었다. 그리고 예순 살이 넘은 현재에도 달나라 여행을 비롯한 꿈의 목록을 이루기 위해 열심히 노력하고 있다.

중국인 장 창린은 몇 년 전 카네기 스쿨에서 나와 함께 일했던 트레이너다. 그는 16살 때 양부모로부터 파양 당한 뒤 자살을 결심할 만큼 절망에 빠졌다. 너무도 끔찍한 현실에서 벗어나기 위해 그는 그 날의 일기를 쓰는 대신 10년 후, 26세가 되었을 때 하고 싶은 일 10가지를 적어보았다. 그 목록에는 당시 그의 상황으로는 상상조차 할 수 없었던 '내 차 갖기', '유학 가기', '외국어 유창하게 하기' 같은 꿈도 포함되어 있었다. 일기장에 이런 비전들을 적어 내려간 그는 절망에 빠져 있는 대신 희망을 품고 꿈을 향해 도전해보기로 결심했다. 그리고 10년 동안 10가지 비전을 모두 이루기 위해 열심히 살았다. 이후 고등학교를 졸업한 장 창린은 어느 독지가의 도움으로 한국 유학을 왔다. 그리고 26살에 대학교를 졸업한 뒤 대학원에 진학하게 되었고, 한국어를 유창하게 구사할 줄 알게 되었으며, 통역 일을 하면서 본인의 자동차도 갖게 되었다. 10년 전 세웠던 자신의 비전을 모두 이루어낸 것이다.

"정말 힘들고 미래가 보이지 않을 때, 자신이 하고 싶은 일들을 구체적으로 적어보세요. 그리고 언젠가 그것들을 모두 이룬 모습을 상상하면서 그 시점을 적으세요. 그러면 어느 순간, 그 모습이 곧 당신 자신이 되어 있을 것입니다."

집중력과 긍정적인 에너지로 이어지는 기록의 힘

도대체 비전을 기록하는 일에 어떤 마력이 있기에 이런 기적들이 가능한 걸까?

무언가를 기록하는 일은 나의 생각을 추상에서 구체로, 막연함에서 생생함으로 바꾸는 행위다. 비전을 기록하면 막연하게 상상만 했던 일들이 보다 구체적이고 생생하게 다가온다. 또한 그 기록을 지갑이나 수첩에 끼워 갖고 다니면 끊임없이 자신의 목표를 확인하며 자극을 받고, 언젠가는 비전을 달성할 수 있다는 긍정적인 에너지를 얻을 수 있다. 바로 이런 점 때문에 목표를 적었던 3%와 그렇지 않았던 97% 사이에 엄청난 소득 차이가 생겼던 것이다. 장 창린이 파양 당한 당시로서는 상상조차 할 수 없었던 꿈을 이루고, 존 고다드가 15세 때

원했던 100여 가지의 꿈을 달성할 수 있었던 까닭도 여기에 있다. 나의 비전을 글로 옮기는, 사소하고도 작은 행위가 집중력과 긍정적인 에너지로 이어져 결과적으로 엄청난 기적을 가져왔던 것이다.

나는 강의를 통해 만나는 십대들에게 현재 일기만 쓰지 말고 '미래 일기'를 쓰라고 권한다. 미래의 한 시점, 예를 들면 2015년 3월 2일, 2020년 12월 31일, 또는 2050년 10월 1일 등으로 타임머신을 타고 갔다고 상상하고, 그때 자신이 어디서 무얼 하고 있는지 구체적으로 생생하게 적으라고 한다. 카네기의 비전 설정 3P 공식, 즉 '강력한 언어를 이용해 현재 시제로 긍정적인 이미지를 그려야 한다'는 것도 잊지 않고 설명한다. 그러면 아이들은 진지한 표정으로 미래의 자기 모습을 그려 나간다.

'2032년 5월 21일. 나는 지금 CNN에서 일을 마치고 귀가 중이다. 그런데 아리랑 TV에서 프로그램을 진행해보지 않겠느냐고 제의가 들어왔다. 요즘 너무 바쁘지만 카메라 앞에 서는 설렘 때문에 참 행복하다. 일만 열심히 하는 게 아니라 사랑하는 두 아이들과 수영, 축구, 골프, 댄싱 등 여가를 함께하며 추억도 많이 만들고 있다.'

'2032년 7월 23일. 나는 지금 방학을 맞아 모처럼 가족들과 즐거운 시간을 보내고 있다. 유학을 마치고 교직을 이수하였고, 임용고시에 합격해 지금은 선생님이 되어 있다. 게다가 내 모교인 대원외고에서 근무하고 있다. 올해가 49기니까 내가 졸업한 지도 벌써 20년이 다 되어간다. 내 나이도 30대 후반. 대학 때 만난 남편과 두 아이를 낳아 행복한 나날을 보내고 있다. 야자 감독이 없는 날에는 가끔 남편이 근무하는 병원에 찾아가 함께 저녁을 먹는다. 다음 주에는 한 달간 호주로 가족여행을 떠난다. 무척 설렌다.'

'2015년 7월 23일. 나는 지금 서울대학교 교내식당에서 친구들과 점심을 먹고 있다. 내일 영어영문학과 동기들과 동해로 놀러가기로 했으니 점심은 조금만 먹어야겠다. 다음 주에는 고등학교 동창들과 승마장에 간다. 내가 친구들 중에서 가장 빨리 운전면허를 땄으니 당분간 친구들을 실어 나르는 건 내 담당이다. 내년에는 1년 동안 교환학생으로 미국에 가 있을 예정이다. 지금 나는 하루하루가 참 즐겁다.'

'2032년 7월 23일. 나는 지금 삼성경제학연구소장이 되어 세계 경제에 큰 영향을 미치는 신 경제정책을 연구하고 있다. 내일 전 세계 경제학자들이 모여 내 정책을 평가할 것이다. 이 정책을 통해 모두가 평등한 기회를 누리며 능력과 노력에 비례해 돈을 벌 수 있게 될 것이다.'

'2016년 7월 23일. 나는 지금 서울대학교 외교학과(정치외교학부) 2학년에 재학 중이다. 고교 시절 열심히 공부한 덕에 목표하던 대학,

학과에 들어와 공부할 수 있게 되었다. 곧 방학을 맞아 여행 동아리에서 제주도로 여행을 떠날 예정이다. 같은 과에 재학 중인 고등학교 동창들과도 유럽여행을 준비 중이다. 고등학교 때 배우던 불어를 계속 공부해 조만간 DALF C2 취득을 위한 시험을 보려 한다. 그리고 졸업 후 외교아카데미에 들어가기 위해 열심히 공부하고 있다.'

자, 어떤가. 아이들의 비전이 생각보다 훨씬 구체적이고 생생해 놀랄 것이다. 이미 많은 아이들이 인생의 비전을 세우고 기록하고 있다. 그리고 '성공의 3% 법칙'에 따라 저만치 앞서 달려가고 있다.

비전을 이루는 마지막 코스, 공유하기

우리 아이도 늦지 않았다. 지금 바로 아이에게 비전 카드를 쓰게 하자. "지금 당장 여기서 써봐." 하면 아이들은 쑥스러운 마음에 장난스럽게 쓰거나 반항심 때문에 얼토당토 않는 비전을 쓰기 십상이다. 그러니 서둘러서는 안 된다. 아이에게 생각할 충분한 시간을 주어야 한다.

비전은 단기 · 중기 · 장기 세 가지를 설정하게 한다. 그런 다음 지갑에 들어갈 만한 작은 카드 세 장을 주고 각각 단기비전, 중기비전, 장기비전을 적도록 한다. 미래의 한 시점, 구체적인 연도와 날짜를 적고 그때 자신이 어떤 모습일지 적게 하면 된다. 카네기의 비전 설정 3P 공식을 유념해야 함은 물론이다. 아이가 어려워하면 '나는 지금~ 하고 있다'는 문장으로 시작하도록 지도한다.

비전을 언제 쓰느냐는 중요하지 않다. 엄마 욕심에 왜 빨리 안 쓰느냐고 다그칠 필요는 없다. 하지만 아이가 비전을 다 쓰고 난 다음에는 반드시 가족과 공유해야 한다. 비전을 설정하고think 적고write 공유share하는 것은 비전 달성으로 가는 마법의 코스다. 카네기 스쿨에서도 아이들에게 비전을 설정하고 적게 한 다음에는 반드시 친구들과 공유하는 시간을 갖게 한다.

금연이나 다이어트에 성공하려면 자신의 결심을 주변에 널리 알려야 한다. 그래야 주변 사람들의 적극적인 협조를 구할 수 있기 때문이다. 주변에서 담배 피우거나 먹는 모습만 안 보여도 마음을 다잡기가 한결 쉬워진다. 게다가 주변의 '감시의 눈길'도 은근한 부담으로 작용한다. "네가 그러면 그렇지", "말만 그럴 듯하게 떠벌리고 제대로 하는 건 없네" 하는 소리를 듣고 싶은 사람은 없기 때문이다.

비전을 공유해야 하는 이유도 이와 비슷하다. 부모가 아이의 비전을 알고 있으면 그 달성을 위해 물심양면으로 도와줄 수 있다. 또한 아이 입장에서는 마음이 느슨해질 때마다 자신의 공약이 부메랑처럼 되돌아와 따끔한 자극제가 될 것이다.

아이의 비전을 공유할 때는 응원과 격려를 아끼지 않는 것이 포인트다. 비전이란, 어찌 보면 개인의 가장 정직한 속마음과 욕망을 표현한 것이라서 다른 사람들에게 밝히기가 쉽지 않다. 아이들뿐 아니라 어른들도 비전을 공유하는 시간에는 늘 쭈뼛거리고 쑥스러워한다. 그래서 비전 공유를 할 때는 다소 과장되다 싶을 만큼 시끌벅적하게 응원해줄 필요가 있다.

부모의 응원과 격려, 긍정적인 피드백은 아이의 비전 달성에 큰 영향을 미친다. 부모로부터 비전을 지지받은 아이들은 자존감이 높아질 뿐 아니라 비전을 향해 달려갈 힘과 용기를 얻는다.

"와, 정말 멋진 비전이다. 아빠가 있는 힘껏 응원해줄게."

"우리 딸이 이런 근사한 비전을 갖고 있을 줄은 몰랐네. 엄마도 열심히 도와줄게."

부모가 건넨 말 한 마디가 비전을 향해 가는 아이의 등에 날개를 달아줄 수 있다.

비전을 세우면 자기주도적인 삶을 살게 되고, 적으면 성공에 성큼 다가가고, 공유하면 반드시 성공한다. 그래서 'Think, Write, Share'야말로 비전을 성공시키는 마법의 코스라 하는 것이다.

나 역시 서른 살에 비전을 세운 뒤로 그것을 적어 늘 지갑 속에 넣고 다닌다. 30년 안에 이루고 싶은 12가지 비전을 적었는데 10년 만에 벌써 절반 이상을 이루었다. 그 중 하나를 독자들과 공유하자면, 올해 안에 공중파 아침방송 프로그램에 출연하는 것이 내 단기비전이다. 부모들에게 비전이 얼마나 중요한지 널리 알리고 대한민국 모든 십대들의 지갑 속에 비전 카드를 갖고 다니게 하기 위해서다. 내 단기

비전은 반드시 이루어질 거라 확신한다. 그러면 10년 후 우리나라는 분명히 달라져 있을 것이다. 마음속에 원대한 비전을 품고 자란 아이들이 어른이 되어 만든 세상이니까 말이다.

비전 카드

책 뒤에 수록된 '비전 카드'와 '비전 피라미드'를 오려 아이가 직접 자신의 비전을 적게 하세요. 비전을 다 적은 후에는 가족들과 공유하고, 지갑이나 수첩에 늘 넣고 다니라고 말해주세요.
카네기 스쿨에서 아이들이 실제로 작성한 비전 피라미드를 참고하세요.

자신에게 던지는 한마디(Pep Talk)

이것또한 지나가리라.

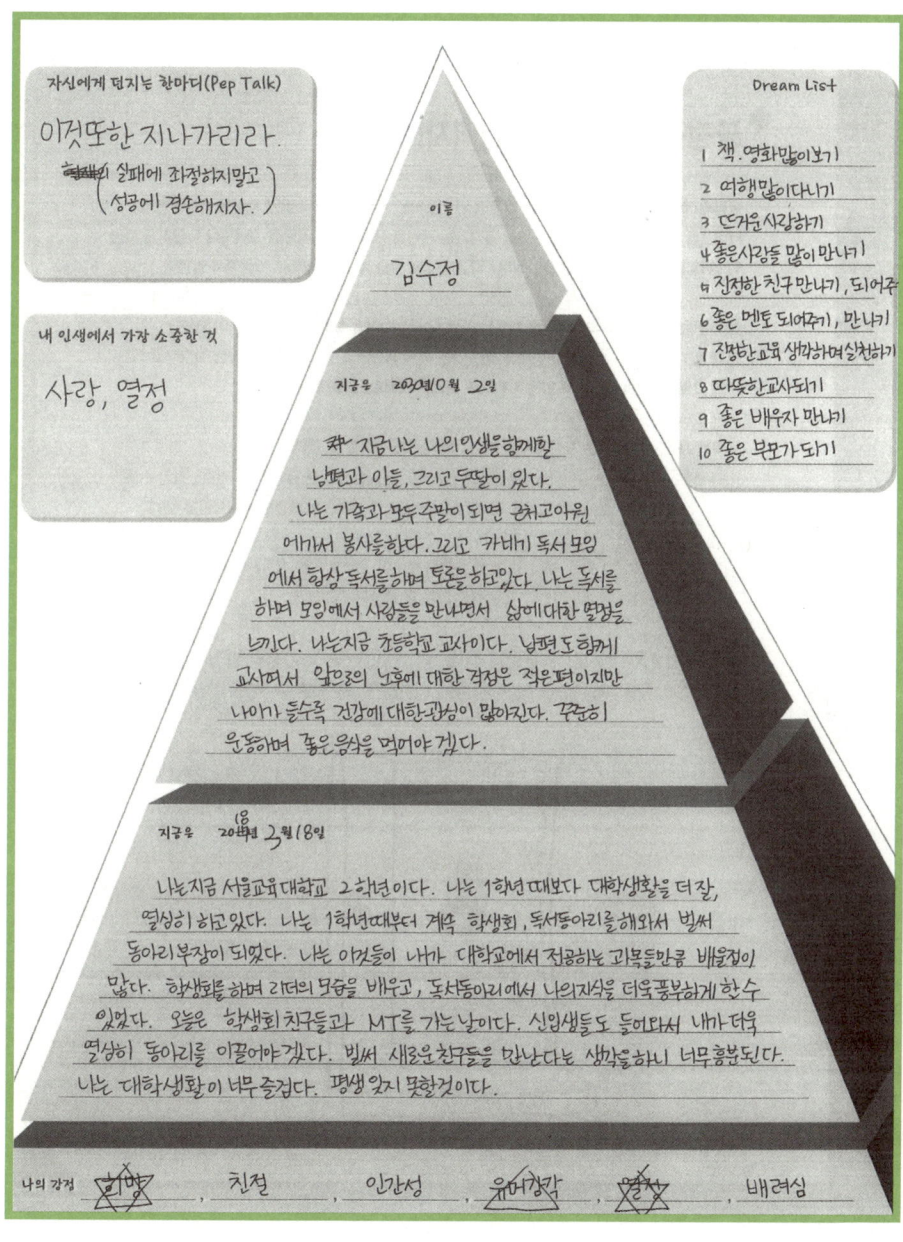

[illegible] 실패에 좌절하지말고 성공에 겸손해지자.

내 인생에서 가장 소중한 것

사랑, 열정

Dream List

1 책. 영화많이보기
2 여행많이다니기
3 뜨거운사랑하기
4 좋은사람들 많이 만나기
5 진정한 친구 만나기, 되어주기
6 좋은 멘토 되어주기, 만나기
7 진정한교육 생각하며실천하기
8 따뜻한교사되기
9 좋은 배우자 만나기
10 좋은 부모가 되기

이름

김수정

지금은 2030년 10월 2일

지금나는 나의인생을함께할 남편과 아들, 그리고 두딸이 있다. 나는 가족과 모두 주말이 되면 근처고아원에가서 봉사를한다. 그리고 카네기 독서 모임에서 항상 독서를하며 토론을 하고있다. 나는 독서를 하며 모임에서 사람들을 만나면서 삶에대한 열정을 느낀다. 나는지금 초등학교 교사이다. 남편도 함께 교사여서 앞으로의 노후에 대한 걱정은 적은편이지만 나이가 들수록 건강에 대한관심이 많아진다. 꾸준히 운동하며 좋은 음식을 먹어야 겠다.

지금은 2018년 3월 18일

나는지금 서울교육대학교 2학년이다. 나는 1학년때보다 대학생활을 더 잘, 열심히 하고있다. 나는 1학년때부터 계속 학생회, 독서동아리를 해와서 벌써 동아리부장이 되었다. 나는 이것들이 내가 대학교에서 전공하는 과목들만큼 배울점이 많다. 학생회를 하며 리더의 모습을 배우고, 독서동아리에서 나의지식을 더욱 풍부하게 할 수 있었다. 오늘은 학생회 친구들과 MT를 가는 날이다. 신입생들도 들어와서 내가 더욱 열심히 동아리를 이끌어야겠다. 벌써 새로운 친구들을 만난다는 생각을하니 너무 흥분된다. 나는 대학생활이 너무 즐겁다. 평생 잊지 못할것이다.

나의 강점 [illegible], 친절, 인간성, 유머감각, [illegible], 배려심

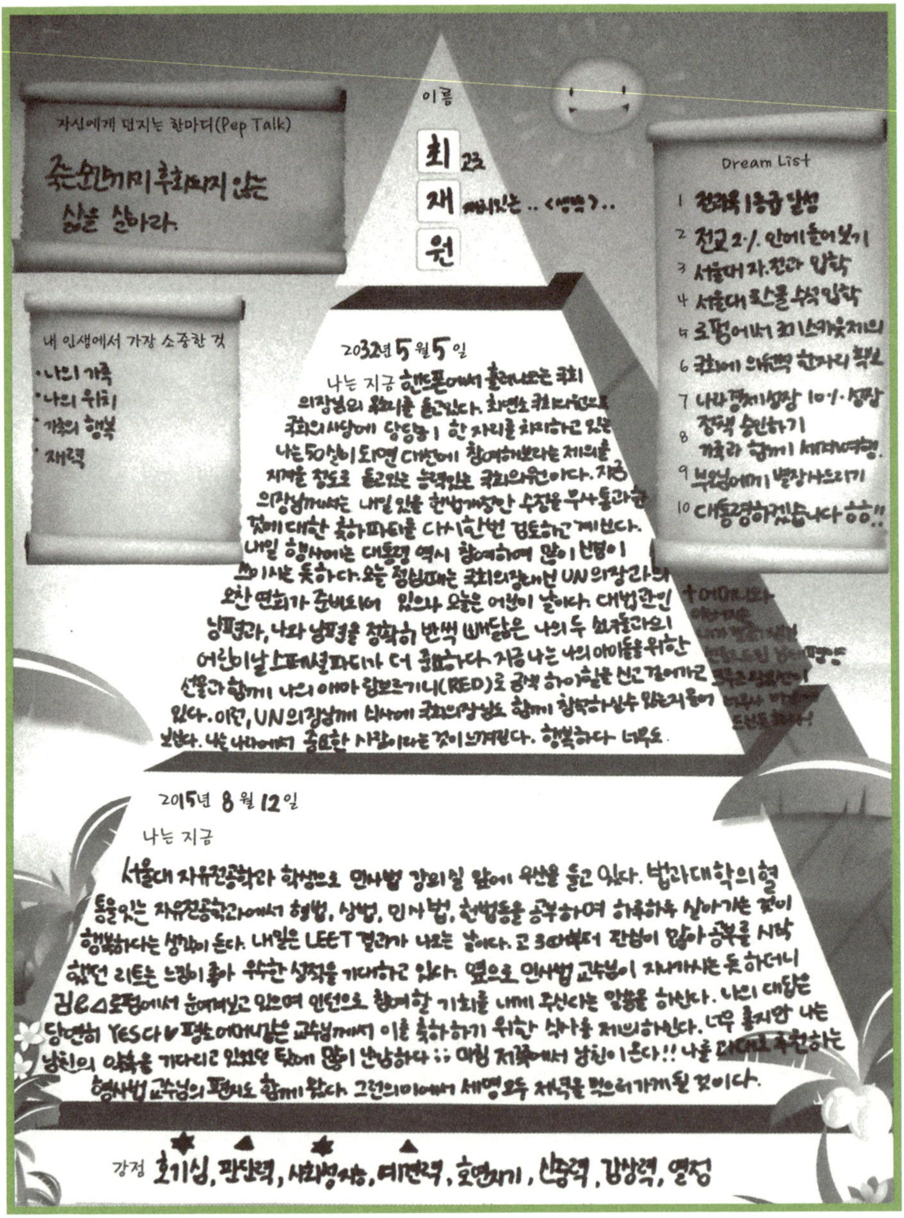
자신에게 던지는 한마디(Pep Talk)
죽는 순간까지 후회되지 않는 삶을 살아라.
이름
최 재 원
내 인생에서 가장 소중한 것
• 나의 가족
• 나의 위치
• 가족의 행복
• 재력
Dream List
2 전교 2% 안에 들어보기
3 서울대 자.전과 입학
4 서울대 로스쿨 수석 입학
6 국회에 의원직 한자리 확보
7 나라 경제성장 10% 성장 정책 승인하기
8 가족과 함께 세계여행
9 부모님에게 별장 사드리기
10 대통령하겠습니다 ㅎㅎ!!
2032년 5월 5일
나는 지금
2015년 8월 12일
나는 지금
서울대 자유전공학과 학생으로 민사법 강의실 앞에 우산을 들고 있다. 법과대학의 혈통을 잇는 자유전공학과에서 형법, 상법, 민사법, 헌법 등을 공부하며 하루하루 살아가는 것이 행복하다는 생각이 든다. 내일은 LEET 결과가 나오는 날이다. 고3 때부터 관심이 많아 공부를 시작했던 리트는 느낌이 좋아 우수한 성적을 기대하고 있다.
그런 의미에서 세 명 모두 저녁을 먹으러 가게 될 것이다.
강점 호기심, 판단력, 사회봉사, 이해력, 호연지기, 감상력, 열정

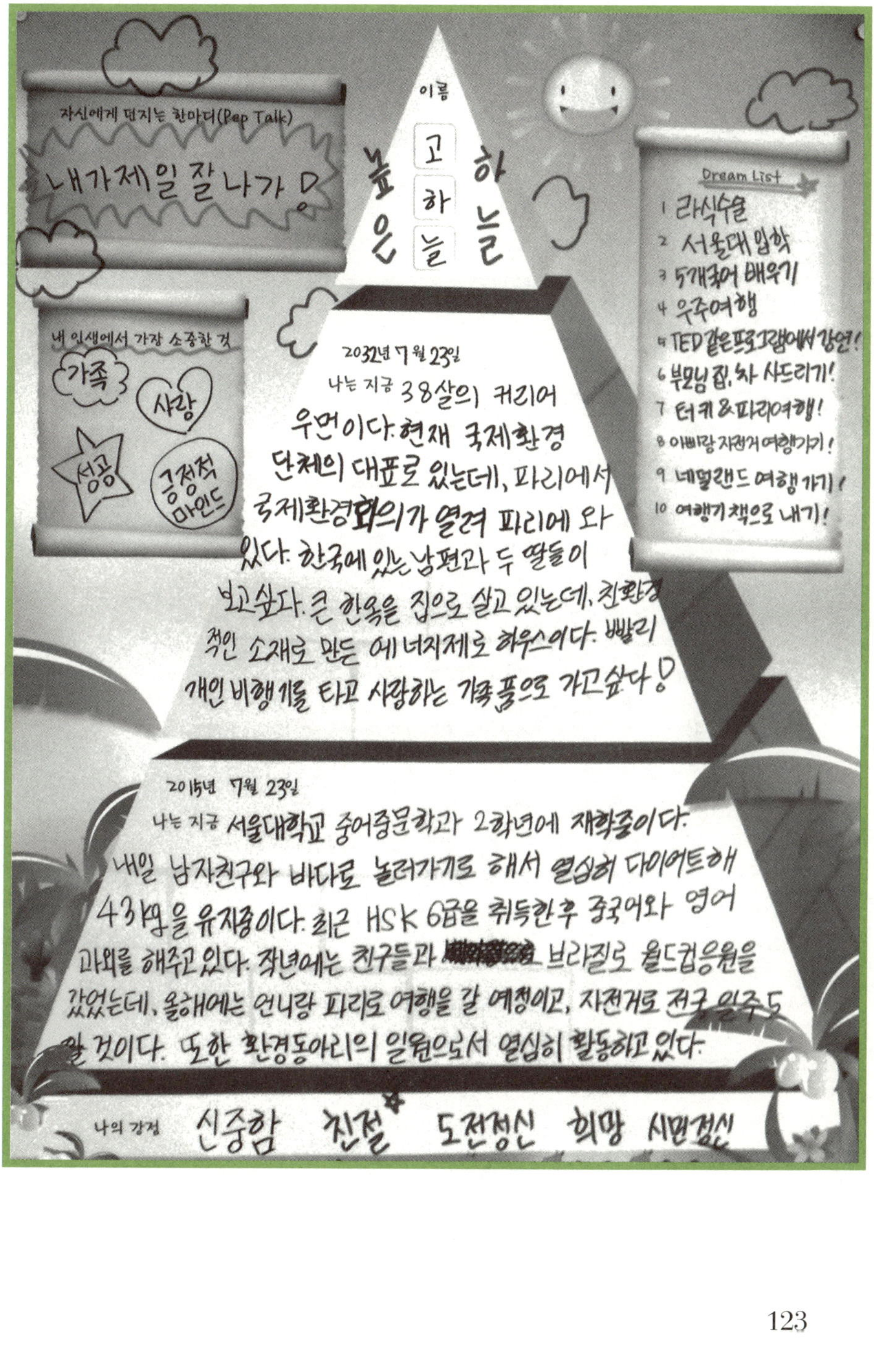

자신에게 던지는 한마디(Pop Talk)
내가 제일 잘 나가 ♡
내 인생에서 가장 소중한 것
가족
사랑
성공
긍정적 마인드
이름
고 하 늘
높은 하늘
Dream List
1 라식수술
2 서울대 입학
3 5개국어 배우기
4 우주여행
5 TED 같은 프로그램에서 강연!
6 부모님 집, 차 사드리기!
7 터키 & 파리여행!
8 아빠랑 자전거 여행가기!
9 네덜랜드 여행가기!
10 여행기 책으로 내기!
2032년 7월 23일
나는 지금 38살의 커리어 우먼이다. 현재 국제환경 단체의 대표로 있는데, 파리에서 국제환경회의가 열려 파리에 와 있다. 한국에 있는 남편과 두 딸들이 보고싶다. 큰 한옥을 집으로 살고 있는데, 친환경적인 소재로 만든 에너지제로 하우스이다. 빨리 개인 비행기를 타고 사랑하는 가족품으로 가고싶다!
2015년 7월 23일
나는 지금 서울대학교 중어중문학과 2학년에 재학중이다. 내일 남자친구와 바다로 놀러가기로 해서 열심히 다이어트해 43kg을 유지중이다. 최근 HSK 6급을 취득한 후 중국어와 영어 과외를 해주고 있다. 작년에는 친구들과 브라질로 월드컵응원을 갔었는데, 올해에는 언니랑 파리로 여행을 갈 예정이고, 자전거로 전국 일주도 할 것이다. 또한 환경동아리의 일원으로서 열심히 활동하고 있다.
나의 강점
신중함 친절 도전정신 희망 시민정신

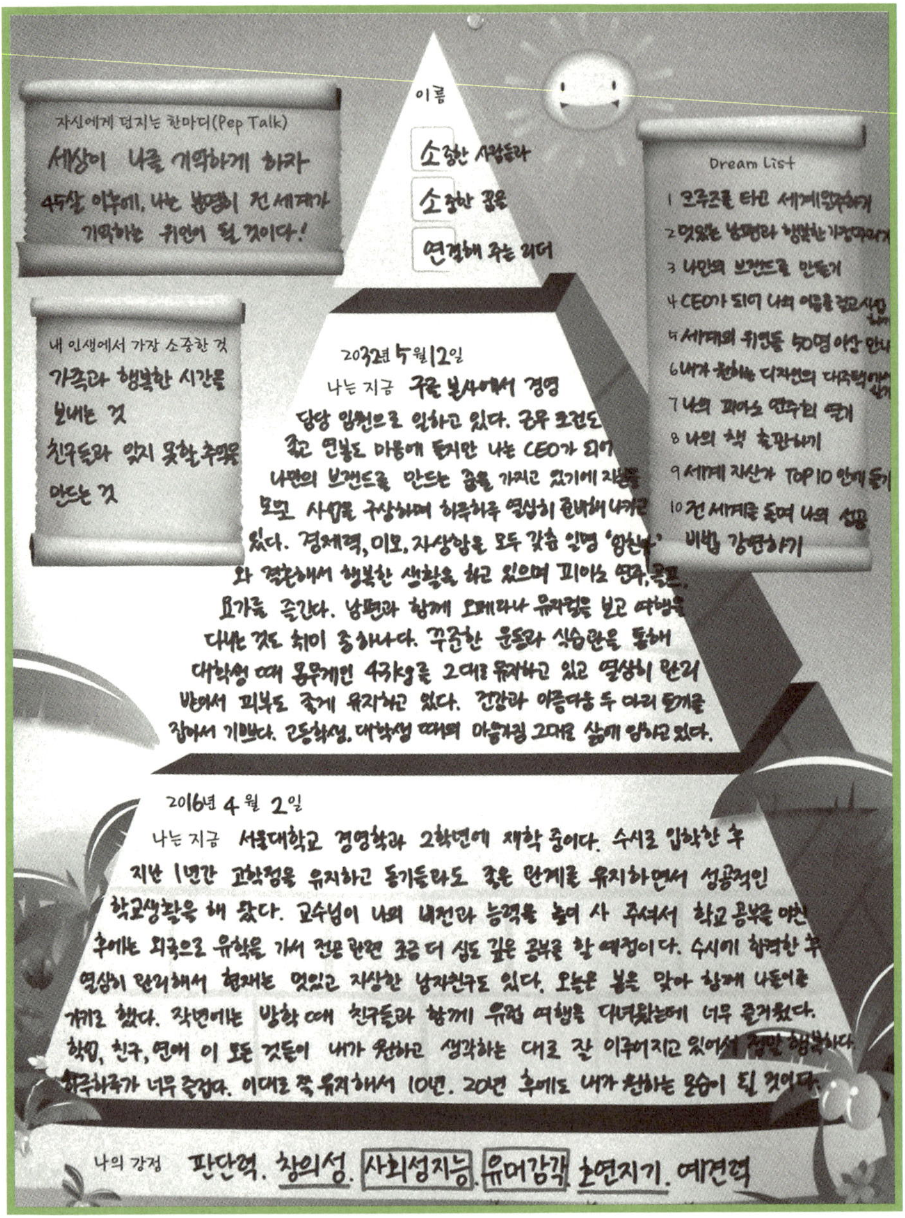

이름
소중한 사람들과
소중한 꿈을
연결해 주는 리더
자신에게 던지는 한마디(Pep Talk)
세상이 나를 기억하게 하자
45살 이후에, 나는 분명히 전 세계가 기억하는 위인이 될 것이다!
Dream List
내 인생에서 가장 소중한 것
가족과 행복한 시간을 보내는 것
친구들과 잊지 못할 추억을 만드는 것
2032년 5월 12일
나는 지금
2016년 4월 2일
나는 지금
나의 강점
판단력. 창의성. 사회성지능. 유머감각. 호연지기. 예견력

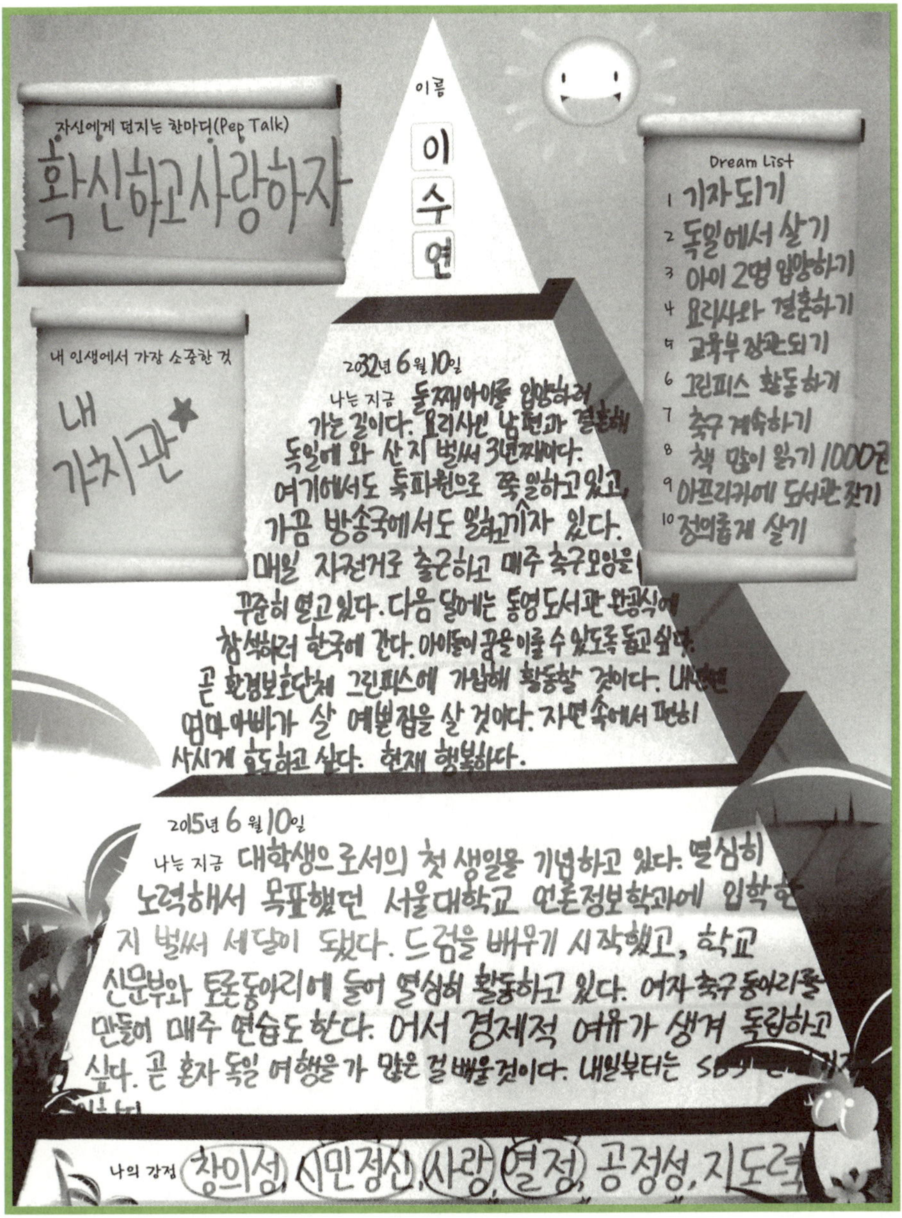
자신에게 던지는 한마디(Pep Talk)

확신하고 사랑하자

이름

이수연

Dream List

1 기자되기
2 독일에서 살기
3 아이 2명 입양하기
4 요리사와 결혼하기
5 교육부 장관 되기
6 그린피스 활동하기
7 축구 계속하기
8 책 많이 읽기 1000권
9 아프리카에 도서관 짓기
10 정의롭게 살기

내 인생에서 가장 소중한 것

내 가치관★

2032년 6월 10일

나는 지금 둘째아이를 입양하러 가는 길이다. 요리사인 남편과 결혼해 독일에 와 산 지 벌써 3년째이다. 여기에서도 특파원으로 쭉 일하고 있고, 가끔 방송국에서도 일하고 있다. 매일 자전거로 출근하고 매주 축구모임을 꾸준히 열고 있다. 다음 달에는 동영도서관 완공식에 참석하러 한국에 간다. 아이들이 꿈을 이룰 수 있도록 돕고 싶다. 곧 환경보호단체 그린피스에 가입해 활동할 것이다. 내년엔 엄마 아빠가 살 예쁜집을 살 것이다. 자연 속에서 편히 사시게 효도하고 싶다. 현재 행복하다.

2015년 6월 10일

나는 지금 대학생으로서의 첫 생일을 기념하고 있다. 열심히 노력해서 목표했던 서울대학교 언론정보학과에 입학한 지 벌써 세달이 됐다. 드럼을 배우기 시작했고, 학교 신문부와 토론동아리에 들어 열심히 활동하고 있다. 여자 축구 동아리를 만들어 매주 연습도 한다. 어서 경제적 여유가 생겨 독립하고 싶다. 곧 혼자 독일 여행을 가 많은 걸 배울것이다. 내일부터는

나의 강점 창의성, 시민정신, 사랑, 열정, 공정성, 지도력

아이의 비전을 꺾는 부모 vs 키우는 부모

세상에 허황된 비전이란 없다

"선생님, 우리 애한테 비전을 적으랬더니 글쎄 의대에 가겠다네요."

자녀 코칭 세미나 며칠 뒤 한 엄마가 전화를 걸어왔다. 그런데 의대 가겠다는 아들을 둔 엄마치고 목소리가 밝지 않았다.

"축하드립니다. 의사 아드님을 두시겠네요."

내가 이렇게 말씀드리자 엄마는 한숨을 푹 내쉬었다.

"아유, 선생님. 놀리지 마세요. 그 성적에 무슨 의대에요. 백 번 죽었다 깨어나도 걘 의대 갈 실력 안 돼요. 이렇게 허황된 비전도 비전이라고 할 수 있나요?"

또 한 번은 한 중학생의 아빠한테서 전화가 걸려왔다. 아이가 적은 비전을 보고 호되게 야단을 쳤다는 것이다. 내가 그 이유를 물었더니 아빠는 이렇게 대답했다.

"글쎄 장기비전에 자가용 비행기를 타고 출근한다고 적었잖아요. 말이 되는 소릴 해야죠. 무슨 공상과학소설도 아니고."

이 부모님들이 아이들 비전에 화를 낸 건 아이들이 충분한 고민 없이 장난처럼 비전을 설정한 걸로 여겼기 때문이다. 부모 입장에서는 성적도 안 되는데 의대에 진학할 거라든가, 자가용 비행기를 타고 출근할 거라는 이야기가 허무맹랑하고 진정성 없다고 느껴졌던 것이다. 하지만 과연 그럴까?

영화배우가 되리라는 청운의 꿈을 품고 LA에 도착한 한 미국 젊은이가 있었다. 어려서 아버지를 잃고 병든 어머니를 모시며 살았던 그는 집도 직업도 없는 빈털터리였다. 햄버거 하나로 하루를 버티고, 낡은 중고차 안에서 잠을 청하며 근근이 살아가는 그에게 영화배우는 아득히 멀기만 한 꿈이었다. 그러던 어느 날 '할리우드'라고 적힌 간판이 내다보이는 높은 언덕에 올라 하염없이 화려한 도시를 바라보던 그는 문득 수표책을 꺼내 스스로에게 천만 달러, 우리 돈으로 약 100억 원을 지급하는 서명을 했다. 지급일자는 5년 뒤 추수감사절이었다. 그는 그 수표를 항상 몸에 지니고 다녔다. 마침내 5년 뒤 지급날짜가 되었을 때 그는 영화 〈덤앤더머〉의 출연료로 7백만 달러, 〈배트맨〉의

출연료로 천만 달러를 받았다. 그가 스스로에게 지급했던 수표가 부도나지 않고 실제로 결재된 것이다. 그 젊은이가 바로 톰 행크스와 톰 크루즈의 뒤를 이어 1억 달러 흥행 배우로 손꼽히는 짐 캐리다.

낡은 중고차 안에서 새우잠을 자던 그가 톱스타의 자리에 오르리라고는 아무도 믿지 않았다. 누구라도 그가 서명한 천만 달러 수표를 보았다면 비웃었을 것이다. 허황된 꿈일랑 일찌감치 버리고 접시닦이라도 하라고 따끔하게 야단을 쳤을지도 모른다. 하지만 그 수표를 가슴에 품고 꿈을 포기하지 않았던 짐 캐리는 마침내 자신과의 약속을 지켰다.

짐 캐리의 사례가 특별한 사람한테만 일어나는 특별한 기적이라고 생각되는가. 그렇지 않다. 우리 주변의 평범한 아이들도 이런 기적을 만들어가며 살고 있다.

허무맹랑한 비전을 현실로 만든 아이들

중학교 3학년 지성이는 아무런 꿈도 의욕도 없는 아이였다. 성적은 전교 430명 가운데 400등이었다. 그러던 지성이가 겨울방학에 카네기 스쿨에 들어와 비전에 대한 수업을 들었다. 좋아하는 것도, 되고 싶은 것도 없었던 지성이는 친구들이 비전을 발표하는 동안 그저 멍하니 앉아만 있었다. 비전 카드에 단 한

글자도 적지 못한 지성이에게 트레이너가 말했다.

"네 현재 상황은 아무것도 생각하지 말고, 그저 네가 하고 싶은 것만 적어. 그럼 되는 거야."

그 말에 지성이는 두 가지 비전을 적었다. 전교 50등 안에 들기, 국사 100점 맞기. 카이스트에 다니는 형처럼 공부 잘한다는 소리 한번쯤 들어보면 어떨까, 하는 단순한 마음에서 적은 비전이었다.

그 뒤 지성이는 조금씩 달라졌다. 비전에 부끄럽지 않은 자신이 되기 위해 난생처음 노력이라는 걸 해보기로 했다. 고등학교 입학 때까지 쉬지 않고 공부했더니 놀라운 결과가 나왔다. 3월 첫 모의고사에서 언어 · 수리 · 외국어 300점 만점에 무려 290점을 받은 것이다. 전교생 640명 중에서 18등을 해서 전교 30등 안에 드는 학생에게만 주는 상까지 받았다. 전교 50등 안에 들겠다는 비전을 달성한 지성이는 이번에는 국사 만점에 도전해보기로 했다. 기말고사를 일주일 앞두고 국사 문제집을 다섯 권이나 풀었다. 그리고 정말로 국사 시험에서 만점을 받았다.

이제 지성이에게는 새로운 비전이 생겼다. 얼마 전까지만 해도 전교 400등을 하던 지성이는 현재 서울대학교 자유전공학부 입학이라는 또 다른 비전을 향해 달리고 있다.

평범한 아이가 이룬 기적은 또 있다. 민사고 3학년 현진이는 어릴 때부터 MIT에 입학하는 것이 꿈이었다. 그런데 그만한 실력이 되질 않아 늘 고민이었다. 다들 현진이에게 MIT를 포기하고 다른 대학을 알아보라고 충고했다. 하지만 현진이는 꿋꿋하게 MIT만을 바라보았다. 그리고 마침내 MIT의 입학 허가를 받아냈다. 도대체 어떻게 이런 일이 가능했을까?

알다시피 미국 대학들은 성적뿐 아니라 특별활동, 봉사활동 등 전반적인 활동사항을 반영해 입학생을 선발한다. MIT에서 높이 평가한 것은 열 살 때부터 MIT 입학이 비전이었다고 밝힌 현진이의 에세이, 그리고 강원도 지역 대회에서 3위를 차지한 농구 실력이었다. 그런데 재미있는 건 그 해 농구 대회에 겨우 세 팀이 참가했다는 사실이다. 다시 말해 현진이는 지역대회에서 꼴찌였다. 하지만 어쨌든 참가한 세 팀 가운데 3위임에는 틀림없었고, MIT에서는 이 결과를 곧이곧대로 받아들였던 것이다.

그렇다면 현진이는 운이 좋아 MIT에 입학할 수 있었던 것일까? 그렇지 않다. 만일 현진이가 MIT에 들어가겠다는 비전을 세우지 않았더라면, 또는 주변의 만류에 비전을 포기했더라면 그런 행운을 잡았을 리 없다. 그러니 현진이의 비전이 행운을 끌어당겼다고 봐야 옳다.

지성이와 현진이는 세상에 허황된 비전이란 없다는 진리를 온몸으로 증명해낸 아이들이다. 보통 사람들 눈에 전교 400등이 전교 50등 안에 들겠다는 것이나, 되지 않을 성적으로 MIT에 입학하겠다는 것은 그야말로 뜬 구름 잡는 허황된 비전이었다. 하지만 두 아이들은 자기 비전을 결코 허황된 것으로 생각하지 않았다. 포기하지만 않으면, 노력만 하면 얼마든지 이뤄질 수 있는 비전이라 여겼다. 그리고 그것들을 실제로 이루어냈다.

카네기 자녀 코칭 1단계에서 아이의 현재 상황을 파악하라고 했던 것은 아이가 무엇을 원하고 힘들어하는지 알자는 취지였지, 아이의 비전이 얼마만큼 가능성 있는 것인지 재단하라는 의미가 아니었다. 비전의 힘은 무한한 가능성에 대한 믿음에서 나온다. 현재 상황에 비추어 달성이 가능한 비전이냐 아니냐를 따지는 그 순간, 비전의 힘은 효력을 잃는다.

현재 성적이 형편없다고 해서 의대 입학이라는 비전이 허황된 것은 아니다. 자가용 비행기를 타고 출근하겠다는 비전도 마찬가지다. 언젠가 자가용 비행기가 상용화되는 날이 올지 누가 알겠는가. 아이들에게는 무한한 가능성이 있다고 부르짖으면서 어째서 아이들의 비전에는 한계를 두려 하나. 허황된 비전이라고, 실현 불가능한 비전이라고 함부로 말해서는 안 된다. 부모가 내뱉는 그 한 마디가 오히려 아이의 비전을 허황되고 실현 불가능하게 만든다는 것을 알아야 한다.

혹시 당신도
아이의 비전을 꺾는 부모인가

재작년에 카네기 스쿨에서 만났던 중학교 3학년 수연이는 영리하고 꿈 많은 소녀였다. 성적 또한 아주 좋아서 중학교 다니는 내내 전교 1등을 놓치지 않았다. 수연이의 비전은 민사고와 하버드 로스쿨을 거쳐 미국에서 변호사로 일하는 것이었다. 수연이라면 충분히 이룰 수 있는 비전이었다.

그로부터 1년 뒤, 문득 수연이 안부가 궁금해져 전화를 걸었다. 비전대로 잘 살고 있느냐고 물었더니 수연이가 기운 없는 목소리로 대답했다.

"선생님, 저 비전 포기한 지 오래 됐어요. 민사고도 안 갔고, 그냥 일반 고등학교 다녀요."

민사고에 입학해 열심히 공부 중이라는 소식을 기대했던 나는 적잖이 당황했다.

"어, 그랬구나. 좀 의외네. 왜 비전을 포기했는지 선생님이 물어봐도 될까?"

놀랍게도 수연이의 비전을 꺾은 사람은 아빠였다. 아빠는 수연이의 비전을 듣자마자 이런 반응을 보였다.

"민사고 졸업생들은 대부분 유학을 간다면서? 그런데 요즘 전 세계적으로 불경기라 외국 유학 다녀와서도 놀고 있는 사람이 한둘이 아니라더라. 하버드 로스쿨도 그렇고. 까딱 잘못하면 너, 미국에서 비싼 수업료 들여 공부만 해놓고 실업자 되는 거야. 그런데도 굳이 민사고니 하버드 로스쿨이니 갈 이유가 있겠니."

아빠 말씀에 기가 죽은 수연이는 민사고도, 하버드 로스쿨도 포기해버리고 말았다.

"전 이제 되고 싶은 것도, 비전도 없어요. 그냥 성적 되는 대로 대학 가서 평범한 월급쟁이로 살 거예요."

나는 수연이가 비전을 이룰 수 없을 거라고는 단 한 순간도 생각해 본 적이 없다. 그런데 다른 사람도 아닌, 수연이 아빠가 아이의 비전을 꺾어버렸다니 믿기지가 않았다.

수연이 아빠가 비전을 반대한 데는 그럴 만한 사정이 있었을 것이다. 어쩌면 수연이 뒷바라지할 여력이 없었을 수도 있다. 그랬다면 비전을 헛된 꿈으로 몰아댈 게 아니라 솔직하게 상황을 이야기하고 수연이의 비전을 이룰 다른 방법을 고민했어야 했다.

아니면 정말로 수연이가 고학력 실업자가 될까 염려스러웠을 수도 있다. 하지만 몇 년 뒤 상황이 어떻게 바뀔지는 아무도 알 수 없는 일이다. 상황이 그대로라 할지라도 수연이가 하버드 로스쿨 나와 실업자가 된다고는 그 누구도 장담 못한다. 아빠 말대로 수연이가 실업자가 될 가능성이 있다면, 그렇지 않을 가능성도 있는 것이다. 그런데도 아빠는 현재 상황만 보고 수연이의 비전을 헛된 꿈이라고 몰아붙였다. 아빠가 꺾은 것은 수연이의 비전만이 아니었다. 수연이의 모든 희망, 의욕, 의지까지 꺾어버렸다.

미켈란젤로는 이렇게 말했다.

"대부분의 사람들에게 가장 위험한 일은 목표를 너무 높게 잡고 거기에 이르지 못하는 것이 아니라, 목표를 너무 낮게 잡고 거기에 도달하는 것이다."

아이들의 비전이 현재 상황에 비해 너무 원대하고 높다고 해서 이르지 못할 거라 속단해서는 안 된다. 헛되고 허황된 꿈이라고 몰아붙여서도 안 된다. 비전에 이르지 못한다 해도 그 과정이 아이에게는 귀한 배움의 기회이자 경험이 된다. 오히려 걱정해야 할 점은 미켈란젤로의 말처럼 너무 낮은 목표를 잡고 거기에 안주하는 것이다. 에베레스트에 오르려는 아이는 백두산까지는 쉽게 오르지만, 백두산에 오르는 것이 목표인 아이는 에베레스트까지는 오르지 못하는 법이다. 이제 막 인생이라는 산에 오르려는 아이에게 나는 어떤 부모인지 되돌아보자. 나는 에베레스트를 꿈꾸게 하는 부모일까, 아니면 위험하고 힘들다는 이유로 백두산까지만 가라고 하는 부모일까.

좋은 비전 · 나쁜 비전 · 이상한 비전?

아이들 비전은 수시로 바뀐다

"선생님, 우리 애 비전 카드를 보고 하도 기가 막혀서 왔어요. 글쎄 예쁜 집에서 예쁜 딸 낳고 키우면서 평범한 가정주부로 사는 게 비전이래요. 다른 애들은 노벨물리학상을 탄다, CEO가 된다, 거창하던데 우리 애는 왜 그러는 걸까요?"

"우리 애는 간호사가 되는 게 비전이래요. 의사가 될 거라는 애들도 많던데, 왜 하필 간호사가 된다는 건지, 원. 간호사를 비하하는 건 아니지만, 이왕이면 간호사보다 의사가 낫죠. 비전은 크게 가질수록 좋은 거라면서요."

아이의 비전이 너무 거창해서 고민인 부모가 있는 반면, 그 반대라서 고민인 부모도 있다. 카네기 스쿨 수료식에서 가만 보니 우리 아이의 비전이 다른 아이들에 비해 소박해 보인다, 아니 초라해 보인다, 하면 그때부터 부모 속이 부글부글 끓기 시작한다. '저 녀석은 대체 욕심이 없는 거야, 생각이 없는 거야.' 등등 혼자서 별별 생각을 다 하다가 결국 참지 못하고 나를 찾아와 하소연을 하는 것이다.

아이의 비전이 부모 마음에 들지 않는 경우는 생각보다 많다. 부모의 바람과는 전혀 다른 비전을 적는 아이들이 그만큼 많다는 것이다. 직업이 의사인 어떤 부모는 아이도 의사가 되면 좋겠는데, 교사를 비전으로 적었다며 서운해 했다. 또 어떤 부모는 아이가 교사가 되었으면 했는데 정작 아이는 연예인이 된다고 해서 고민이었다. 영화감독이 비전이라는 아이 때문에 걱정이라는 부모도 있었다.

"비전만 설정하게 하면 자기주도적으로 살게 된다고 해서 은근히 기대했어요. 그런데 웬걸요. 비전 카드를 보니까 오히려 더 걱정이더라고요. 글쎄 영화감독이 되고 싶다는 거예요. 잘 된다는 보장만 있다면야 좋겠죠. 하지만 잘못하면 굶어죽기 딱 좋은 직업 아닌가요?"

이런 걱정을 하는 부모들에게 나는 전혀 걱정할 필요 없다고 말씀드린다.

"아이 비전을 두고 벌써부터 되니 안 되니 하실 필요 없습니다. 아이들 비전은 수시로 바뀌니까요."

아이들 비전에도 소위 트렌드라는 게 있다. 아이들이 중기비전으로 가장 많이 쓰는 것은 공무원이나 교사다. 요즘 안정적인 직업으로 각광받고 있는 만큼 아이들도 그런 트렌드에 민감하게 반응하는 것이다. 또 연예인이나 엔터테인먼트 회사 CEO가 되겠다는 아이들도 많다. 이 역시 요즘 유행을 충실하게 반영한 비전들이다.

많은 아이들이 부모가 원해서, 주변에서 좋다고들 하니까, 요즘 유행하는 직업이라 그 비전을 선택한다. 모든 아이들이 심사숙고해서 비전을 결정하는 것은 아니며, 주변 여건이 바뀌거나 가치관이 변화하면 아이들의 비전은 얼마든지 달라질 수 있다. 강렬한 언어로 미래가 아닌 현재를 보는 듯 생생하게 비전을 그리라고는 했지만 그렇다고 아이들 비전이 확고부동한 것이라고 생각해선 안 된다. 또한 비전이 수시로 바뀌는 것이 잘못도 아니다. 십대들에게는 오히려 당연하고도 자연스런 일이다.

그러니 아이들 비전에 일희일비할 필요는 없다. 다른 아이들 비전과 비교하지도 말고, 부모 욕심에 견주지도 말고 그냥 두고 보는 것이 현명하다. 언젠가는 아이들 스스로 더 현실적이고 자기에게 잘 맞는 비전을 찾아가게 마련이다. 그러기까지 기다려주지 못하고 부모가 섣불리 끼어들면 오히려 부작용이 생길 수 있다. 부모는 그저 아이의 비전을 응원하고 격려하는 역할만 하면 된다.

부모 마음에 들면 좋은 비전, 안 들면 나쁜 비전?

"아이들 비전은 뭐든 응원해주라고요? 우리 아이는 '로또 당첨'이라고 적었던데, 그런 비전도 응원해야 하나요?"

물론 아니다. 때에 따라서는 부모가 개입해야 하는 비전도 있다. 로또 당첨처럼 요행을 바라는 것은 비전이 될 수 없다고 분명하게 이야기해줘야 한다.

비윤리적인 비전도 마찬가지다. 많지는 않지만 간혹 비전을 설정하면서 '무슨 수를 써서든지' 식의 표현을 하는 아이들이 있다. 어떤 아이들은 자신의 성공이 아니라 경쟁자의 실패를 바라는 비전을 설정하기도 한다. 이렇게 수단 방법을 가리지 않는 비전이나 타인의 불행을 소망하는 비전은 부모가 제재해야 한다. "엄마가 보기에 네가 적은 것들은 비전으로는 적합하지 않은 것 같구나. 이런 비전들은 네게 결코 도움이 되지 않는단다. 좀 더 긍정적이고 윤리적인 비전을 세워보는 건 어떻겠니." 하면서 다른 비전을 설정하도록 유도한다.

이렇게 요행을 바라거나 비윤리적인 비전이라면 '나쁜 비전'이라 할 수도 있겠지만, 단순히 부모 마음에 안 든다고 '나쁜 비전'이라 할 수는 없다. 내 처남은 스물두 살 때부터 스물여덟인 지금까지 영화판을 쫓아다니고 있다. 조명부를 거쳐 지금은 조연출로 일한다. 지금은 잘 모르겠지만 조명부에서 일할 때는 영화 한 편당 400만 원을 받았다고 들었다. 그런데 4개월 안에 끝난다는 영화가 길게는 7~8개월까지 간다고 한다. 그러니 8개월 동안 400만 원으로 생계를 꾸려야 한다는 소리다. 게다가 언제 입봉할지 아무도 장담 못하고, 운 좋게 입봉해도 다음 작품을 할 수 있으리라는 보장도 없다. 그야말로 평범한 사람들이 보기에는 앞날 막막한 고생길인 셈이다.

하지만 내 생각은 조금 다르다. 고액 연봉을 받으면서도 매일 죽을상인 사람이 얼마나 많은가. 그에 비하면 자기 목표가 뚜렷하고 좋아하는 일에 푹 빠져 사는 처남이 훨씬 행복해 보인다.

아이가 세운 비전이 이왕이면 사회적으로 인정받고 돈도 잘 버는 일이라면 좋을 것이다. 하지만 그렇지 않다고 해서 아이의 비전을 무조건 무시하고 부모 욕심만 강요해서는 안 된다.

세상에 허황된 비전이란 없는 것처럼, 한심하고 초라하고 나쁜 비전도 없다. 아이의 모든 비전은 충분히 존중받아야 하고, 응원해줄 가치가 있다.

안전지대가 넓으면
원대한 비전이 자란다

크게 될 아이는 큰 어항에서 키워라

어떤 아이는 유엔사무총장이 되는 것이 비전이고, 또 어떤 아이는 예쁜 아기 낳아 잘 기르는 것이 비전이다. 아프리카에서 자원봉사를 하는 것이 비전인 아이가 있는 반면, 벤츠 S클래스를 타는 게 비전이라는 아이도 있다. 도대체 아이들은 어떤 기준으로 비전을 설정할까? 아이들이 비전을 설정하는 데 영향을 끼치는 요인은 대체 무엇일까?

몇 해 전 호주 여행을 갔다가 상어를 파는 애완동물 숍을 발견했다. 호기심에 유심히 들여다보니 어항마다 다양한 크기의 상어들이

헤엄을 치고 있었다. 어떤 녀석은 크기가 팔뚝만했고, 또 어떤 녀석은 어른 키보다도 컸다. 이렇게 다양한 상어를 다 어디서 구해왔느냐고 가게 주인에게 물었다.

"사실 이 상어들은 제각각 구한 것이 아닙니다. 갓 태어난 어린 상어들을 한꺼번에 구해서 기른 것이죠."

"그런데 어째서 이렇게 크기가 다 다른 거죠?"

"큰 어항에 넣고 먹이를 많이 준 놈은 크게 자라고, 작은 어항에 넣고 먹이를 적게 준 놈은 작게 자란답니다."

그러니까 처음부터 크게 자랄 상어, 작게 자랄 상어는 없다는 이야기다. 어항의 크기가 상어의 크기도 결정하는 것이다.

우리 아이들도 부모가 내준 어항 크기만큼 자란다. 부모가 큰 어항에서 키운 아이는 원대한 비전을 가진 큰 사람으로 자라고, 작은 어항에서 키운 아이는 그 반대로 자란다. 결국 부모가 아이를 잘 키운다는 것은 어항의 크기를 늘려준다는 의미와 같다.

카네기 이론에서는 '어항의 크기'를 '안전지대comfort zone'라는 개념으로 설명한다. '안전지대'란 별 불편함 없이 익숙하게 할 수 있는 일의 영역을 뜻한다. 예를 들어 자전거를 잘 타는 사람에겐 자전거가 안전지대다. 운전면허증을 땄으면 운전이, 수영을 배웠으면 수영이 안전지대가 된다. 다시 말하면 익숙하고 편안하고 경험해본 일, 이 세 가지를 충족시키는 영역이 바로 안전지대인 것이다. 반대로 익숙하지 않고 불편하고 경험해보지 못한 일은 '도전지대'에 있다고 말한다. 피아노를 한 번도 배우지 못한 사람에게는 피아노 연주가 도전지대다. 하지만 피아노를 배운 뒤에는? 당연히 안전지대가 된다. 도전지대에 있던 일을 배우고 익혀 안전지대로 만드는 것, 그것이 바로 '안전지대를 넓힌다'는 개념이다.

안전지대가 넓을수록, 즉 다양한 경험을 통해 익숙하고 편안하게 할 줄 아는 일이 많을수록 아이들의 역량도 커진다. 안전지대를 넓혀준다는 것은 부모가 아이를 넓은 어항에서 키운다는 뜻이고, 아이들 통을 크게 만든다는 뜻이며, 경험치를 넓혀 아이의 역량을 키워준다는 뜻이다. 아이들 비전도 이 안전지대에 따라 달라진다.

몇 해 전, 사회적 배려 대상자 아이들에게 비전 교육을 한 적이 있다. 그런데 그 아이들에게서 한 가지 눈에 띄는 특징을 발견했다. 바로 다른 계층의 아이들보다 사회봉사, 자원봉사를 비전으로 설정한 경우가 많았다는 점이다. 다문화가정, 편부모 가정, 복지시설 등에서 경제적으로 어렵게 자란 아이들인 만큼 무엇보다도 부에 대한 열망이 강할 것 같지만, 실제로는 그렇지 않았다.

오히려 강남, 서초, 목동, 분당, 송파 지역 아이들에게서 부에 관련된 비전이 많이 나왔다. 10년 후 자기 모습을 그리라는 질문에 '빌딩 소유주가 되어 있다, 벤츠 S클래스를 몰고 있다, 연봉 2억을 받고 있다'와 같이 답변하는 아이들이 많았다.

한번은 귀국특례입학자를 대상으로 비전 교육을 했는데, 이 아이들 비전에도 특징이 있었다. 유엔을 비롯한 국제기구에서 일하고 싶다거나 국제변호사가 되겠다는, 소위 '글로벌한 비전'이 많았다.

아이들의 안전지대에 무엇이 있느냐에 따라 비전도 이렇게 달라진다. 사회적 배려 대상자 아이들이 자원봉사를, 버블 세븐 지역 아이들이 부의 축적을, 귀국특례입학자들이 국제무대를 비전으로 삼는 것처럼, 아이들은 자신의 안전지대 내에서 비전을 찾는다. 극단적인 예를 더 들자면 의사를 비전으로 삼는 아이들은 알고 보면 부모가 의사인 경우가 많다. 의사라는 직업이 아이의 안전지대 안에 있기 때문이다. 반면 안전지대 밖, 도전지대에서 비전을 찾는 경우는 아주 드물다.

거듭 말하지만 아이가 세운 모든 비전은 가치가 있다. 하지만 아이의 비전에 야망도, 의욕도 없어 보여 속상하다는 부모가 있다면 아이를 비난하기 전에 우선 자신부터 돌아보길 바란다. 그동안 나는 얼마나 큰 어항에서 아이를 키웠는지, 우리 아이의 안전지대를 얼마나 넓혀주었는지 말이다.

부모가 주는 작은 자극이
큰 비전으로 자란다

"그럼 의사 부모를 못 둔 아이들은 의사 꿈도 꾸면 안 됩니까?"

"아이들 안전지대는 결국 돈으로 넓혀주는 겁니까?"

이런 오해를 하는 부모도 있을 것이다. 하지만 아이의 안전지대를 넓혀주기 위해 반드시 경제력이나 그럴 듯한 배경이 필요한 것은 아니다.

카네기 이론에서는 안전지대를 넓히려면 '태도Attitude → 지식Knowledge → 연습Practice → 기술Skill'의 과정을 거쳐야 한다고 말한다. '태도'란 어떤 일에 대해 필요성을 느끼고 갈망과 자신감, 의지를 갖는 것을 뜻한다. 갈망, 자신감, 의지가 생긴 뒤에는 지식을 익히고, 그런 다음에는 반복해서 연습하고, 그러다 보면 자연히 기술을 습득하게 된다. 바로 이것이 안전지대를 넓히는 과정이다. 예를 들어 출퇴근 때 자전거를 타고 싶다는 갈망과 의지가 생겼다면(태도) 자전거 타는 법을 배워(지식) 꾸준히 훈련해서(연습) 결국 자전거를 익숙하게(기술) 탈 줄 알게 된다. 이렇게 해서 도전지대에 있던 자전거가 안전지대로 되는 것이다.

안전지대를 넓히는 과정 가운데 부모가 도와줄 부분이 바로 '태도', 즉 아이가 어떤 일에 대해 필요성, 갈망, 자신감, 의지를 갖도록 도와주는 것이다. 흑인 여성 최초로 미국 국무장관을 지낸 콘돌리자 라이스의 아버지도 그 사실을 잘 알고 있었다. 그녀가 열 살 되던 해, 아버지는 그녀를 데리고 백악관을 구경하러 갔다. 호기심에 차 백악관 건물을 바라보는 그녀에게 아버지가 말했다.

"얘야, 저 안에서 일하는 흑인 여성이 몇 명이나 될 것 같니?"

콘돌리자가 잘 모르겠다는 듯 고개를 젓자 아버지가 대답했다.

"아무도 없단다. 자, 네 생각은 어떠니?"

어린 콘돌리자는 눈을 빛내며 말했다.

"아빠, 제가 백악관을 바라만 봐야 하는 건 제 피부색 때문이지요? 두고 보세요. 제가 어른이 되면 반드시 저 안에서 일할 거니까요."

1960년대 당시만 해도 흑인, 게다가 흑인여성이 백악관에서 일한다는 것은 상상조차 하기 어려운 비전이었다. 하지만 콘돌리자 라이스는 불가능해 보이던 그 비전을 이루어냈고, 미국 역사상 최초의 흑인 여성 국무장관이 되었다.

콘돌리자의 아버지는 딸에게 백악관에서 일하는 최초의 흑인 여성이 되어야 한다고 강요하지 않았다. 대신 딸의 가슴에 불처럼 타오르는 비전을 심어주었다. 그 방법은 놀라울 만큼 간단했다. 단지 백악관을 구경시키고 저기서 일하는 흑인 여성이 단 한 명도 없다는 사실을 일깨워주었을 뿐이다. 다시 말해 필요성, 갈망, 자신감, 의지를 갖게 해 딸의 안전지대를 넓혀준 것이다.

그날 아빠와 백악관에 다녀오지 않았다면 백악관은 끝까지 콘돌리자 라이스의 안전지대에 들어오지 못했을 것이다. 그녀는 백악관에 어떤 관심도 없었을 테고, 거기서 일하는 최초의 흑인 여성이 되겠다는 비전도 설정하지 않았을 것이다. 하지만 아빠와 백악관에 다녀오는 작은 이벤트로 그녀의 인생은 큰 전환점을 맞았다. 그 일을 계기로 '백악관'이라는 단어는 그녀의 안전지대 안으로 들어오게 되었다.

콘돌리자 라이스의 일화는 아이의 안전지대를 넓혀주는 것이 꼭 거창하고 어려운 일만은 아니라는 사실을 말해준다. 커다란 모닥불도 알고 보면 작은 성냥개비 하나에서 시작된다. 마찬가지로 부모가 주는 사소한 자극 하나가 아이의 안전지대를 넓히고 강렬한 비전을 만드는 도화선이 될 수 있다.

학업능력만 채운 안전지대에서는 비전이 싹트지 못한다

내 동료인 강병진 트레이너는 골프를 칠 때마다 초등학생 딸을 데려간다. 골프 조기교육을 시키려는 게 아니다. 나중에라도 골프에 쉽게 입문하고, 다른 스포츠에 대한 관심도 커지길 기대해서다. 다시 말해 아이의 안전지대를 넓혀주기 위해서다.

내 소망은 여섯 살 난 딸아이가 나중에 반기문 총장처럼 훌륭한 유엔 사무총장이 되는 것이다. 그래서 언젠가는 딸아이와 함께 뉴욕에 가서 유엔 본사를 견학하고 싶다. 마치 콘돌리자 라이스의 아빠가 딸을 백악관에 데려갔던 것처럼 말이다. 아이가 더 자라면 내가 참여하고 있는, 난치병 어린이를 위한 봉사단체 'Make A Wish 재단' 활동에도 참여시킬 예정이다. 이런 방법으로 딸아이가 유엔 사무총장이라는 직업에 관심을 갖고 소양을 갖출 수 있도록 점차 안전지대를 넓혀줄 생각이다.

딸을 MIT에 보낸 한 수학교육학과 교수님의 자녀교육서를 읽은 적이 있다. 교수님은 딸이 어릴 때부터 보습학원은 안 보내도 예체능만은 열심히 가르쳤고, 외식을 할 때도 허름한 포장마차에서 고급 레스토랑에 이르기까지 다양한 식당을 접할 기회를 주었다. 언제 어디서든 꿔다놓은 보릿자루처럼 있지 말고 자연스럽고 세련되게 어우러지는 사람이 되라는 뜻에서였다. 이런 교육을 받았으니 아이의 안전지대가 얼마나 넓어졌을지 상상이 되고도 남는다. 결국 아이는 스스로 유학을 결심하고 미국 동부의 명문 보딩 스쿨에 입학했고, 전액 장학금을 받을 만큼 성실히 공부해 마침내 MIT에 합격했다.

다양한 사람들을 만나고, 다양한 풍경을 바라보고, 다양한 책을 읽고, 다양한 배움의 기회를 갖게 하면 아이의 안전지대는 자연히 넓어지고 비전 또한 커지게 마련이다. 그런데 이 평범한 진리를 모르는 사람들도 꽤 많다. 한번은 강남에서 꽤 알아준다는 소위 '자기주도 전문가'라는 분의 강연을 들었다. 그 분 주장은 이랬다. 보험에서 가장 손해 보는 짓이 해약이다. 아이들 예체능 교육도 보험 해약과 같다. 전공할 게 아니면 어쨌든 중간에 그만두지 않느냐. 그런 손해 보는 짓을 왜 하느냐. 차라리 그 비용과 시간을 들여 수학이나 영어를 가르치면 대학이라도 잘 가지 않겠느냐……. 언뜻 들으면 꽤 그럴 듯한 말이다. 하지만 내 보기에는 하나만 알고 둘은 모르는 위험한 발상이다.

요즘 아이들의 비전과 진로는 지나치게 단편적이다. 중학생 아이들에게 비전을 적어보라고 하면 단기비전은 과고나 외고 입학하기, 중기비전은 명문대 졸업해 대기업 입사하기, 장기비전은 빌딩 한 채

올리고 월세로 안락하게 살기라고 한다. 물론 이렇게만 살아준다면 부모 입장에서는 걱정할 게 없을 것이다. 그런데 한편으로는 아직 어린 중학생들이 통조림 공장에서 찍어낸 듯 똑같은 비전을 갖고 있는 현실이 씁쓸하기만 하다.

이런 단편적 비전들이 넘쳐나는 이유는 과연 무엇일까? 수학 · 영어공부만 빼고는 세상 모든 일이 다 보험 해약처럼 손해 보는 짓이라고 생각하는 어른들 때문이다. 안전지대를 온통 학업 능력으로만 꽉꽉 채우려는 어른들이야말로 아이들에게서 원대하고 큰 비전, 다양하고 창의력 넘치는 비전을 빼앗는 주범들이다.

엄마들이여, 비전을 가져라

아이의 비전이 곧 엄마 비전?

요즘은 전업주부 엄마들의 하루가 웬만한 직장인들보다 힘들다고 한다. 오전 시간에는 엄마들 모임에 나가서 과외나 학원에 대한 정보를 공유하고, 오후에는 학원 스케줄에 맞춰 여기저기로 아이를 실어 나르느라 바쁘다. 심지어 아이 대신 수행평가를 하기 위해 미술학원에 다니는 엄마들까지 있다.

우리나라 부모만큼 자식에게 무한한 책임감을 갖고 있는 부모들도 없는 것 같다. 특히 엄마들은 마치 아이와 한 몸인 듯 헌신적이다. 그런데 과유불급이라는 말처럼 모성이 지나치면 엄마도 아이도 행복할 수 없다.

'내 배 아파 낳은 내 자식'이라지만 아이는 엄마와는 별개로 존재하는 독립적인 생명체다. 하지만 많은 엄마들이 이 당연한 명제를 부정하며 산다. '아이가 곧 나'라는 생각은 '아이의 성취가 곧 내 성취'라는 생각으로 이어진다. 그러니 아이에 대한 욕심이 점점 커지고, 아이가 조금만 기대에 못 미쳐도 크게 실망하고 배신감을 느낄 수밖에 없다. 바로 이때가 아이에게는 '모정이 지옥이 되는 순간'이다.

자녀 코칭 세미나를 통해 만난 엄마들 중에도 '아이와 나는 하나'라는 생각을 가진 분들이 많았다. 비전에 관해 설명하면서 엄마들에게 '미래 일기'를 써보라고 하면 이런 내용이 대부분이다.

'2017년 3월 1일. 나는 지금 아이의 서울대학교 입학식에 와 있습니다. 잠도 못 자고 그렇게 열심히 공부하더니 드디어 꿈에 그리던 서울대학교에 입학하게 됐네요. 아이가 너무 대견해서 저도 모르게 눈물을 훔치고 있습니다.'

'2020년 10월 5일. 내 생일이라고 가족이 다 모였습니다. 성형외과 의사가 된 큰딸과 같은 병원에 근무하는 사위가 선물을 들고 왔네요. 둘째는 임용고시 준비하느라 많이 야위었어요. 하지만 곧 좋은 결과가 있겠지요.'

분명 엄마의 미래 일기를 쓰라고 했건만 무언가를 성취한 주체는 아이이다. 엄마는 그저 아이의 성공과 성취에 기뻐하고만 있다. 자기 비전을 쓰는 척하면서 사실은 아이의 비전을 쓰고 있었기 때문이다.

나도 딸아이 키우는 부모로서 엄마들 마음을 모르는 것은 아니다. 자식 잘 되는 것이야말로 모든 부모들이 가장 간절하게 바라는 소망 아닌가. 그러니 자식 잘 되는 비전이 곧 부모의 비전이 되는 것도 전혀 이상한 일이 아니다. 하지만 아이와 자신을 동격으로 생각하는 지나친 모성이 아이에게는 감옥이 될 수 있다는 걸 알아야 한다. 아이가 잘 되는 것이 곧 엄마의 비전이라 치자. 그런 상황에서는 엄마의 비전을 이루려면 엄마가 아닌 아이가 노력해야 한다. 만일 아이가 노력을 하지 않는다면? 노력하지 않는 아이를 꾸중하고 비난하고 닦달할 수밖에 없다. 그럼 아이는 자신의 인생을 사는 걸까, 엄마의 인생을 사는 걸까. 그렇게 해서 비전을 이룬들 그것이 아이의 성취일까, 엄마의 성취일까.

온 가족이 공유한 비전은 천하무적이다

엄마와 아이의 비전을 명확하게 분리하기 위해서는 아이보다 우선 엄마가 먼저 비전을 세워야 한다. 이때 엄마의 비전이란 엄마 자신의 성취를 담은 엄마만의 비전을 말한다. 아이의 진학, 남편의 승진과 같은, 가족과 관련된 미래 말고 순전히 자신의 노력으로 이룬 미래를 그려보라는 말이다.

그런데 내가 이런 말씀을 드리면 전업주부 엄마들이 볼멘소리를 한다.

"직장 다니는 엄마들이야 자기만의 비전을 쓰는 게 가능하겠죠. 그런데 전업주부 엄마들한테는 그게 쉽지가 않아요."

비전 설정이 쉽지 않다는 것은 자신의 미래 모습이 쉽게 다가오지 않는다는 말이다. 이럴 때는 구체적인 상황을 떠올리는 게 좋다. 다시 말해 비전을 하나만 적을 게 아니라 다양한 카테고리로 나누어 적는 것이다. 경제적 비전, 종교적 비전, 사회적 비전, 직업 비전 등 카테고리를 나누어서 각각 3년 후, 10년 후, 30년 후의 미래 모습을 그려보면 된다.

'2022년 9월 20일. 나는 지금 따뜻한 차를 마시면서 내가 직접 만들 가구를 디자인하고 있습니다. 누구를 위해 어떤 용도로 만들지, 어떤 그림을 넣을지 이리저리 구상하며 도안을 그리고 있어요. 정말 행복하고 뿌듯한 시간입니다.'

'2015년 5월 4일. 나는 지금 백화점에 와 있어요. 다이어트에 성공해서 첫아이를 낳기 전 몸무게로 돌아갔거든요. 남편이 다이어트에 성공한 기념으로 옷을 사준다고 해서 이것저것 고르고 있는데 옷이

몸에 잘 맞아 기분이 참 좋아요.'

'2032년 12월 20일. 나는 지금 남편과 건물 하나를 계약하고 나오는 길입니다. 남편 퇴직금으로 건물을 장만했어요. 두 아들 녀석에게 의지하지 않고도 제법 여유로운 생활이 가능할 것 같아 마음이 든든합니다.'

'2025년 3월 5일. 나는 지금 홀트아동복지회에 자원봉사 신청서를 제출하고 있습니다. 그동안은 수험생 딸아이 뒷바라지 하느라 꼼짝도 못했는데, 아이가 원하는 대학에 들어갔으니 이제 주변도 돌아보면서 살 생각입니다.'

이렇게 엄마 자신만의 비전이 완성되면 남편과 아이를 포함한 가정 비전도 설정할 수 있다. 아이와 관련된 비전이 엄마의 유일한 비전이라면 문제겠지만, 비전의 일부가 되는 것은 상관없다.

'2022년 9월 26일. 두 아들 녀석이 가족 유럽 여행을 계획한 덕분에 지금 스위스에서 가족사진을 찍고 있습니다. 멋있게 성장한 두 아들은 내 어깨에 손을 올리고 있고, 남편은 내 손을 꼭 쥐고 있네요. 가족 모두 행복하게 웃고 있습니다.'

'2022년 7월 4일. 나는 지금 남편과 스페인에 와 있습니다. 스페인어를 전공한 아들이 대사가 되어 스페인공관에 있기 때문이에요.'

이런 식으로 비전을 설정하고 비전 카드를 다 작성했다면, 이제는 가족과 공유할 차례다. 가족의 비전이 서로 교집합을 가진다면 이보다 좋을 수는 없다. 가족끼리 서로의 비전을 공유하면 비전의 시너지 효과가 생긴다. 예를 들어 3년 후 아빠의 비전은 부장 승진, 엄마의 비전은 10kg 감량, 아이의 비전은 카이스트 입학인 가족이 있다고 하자. 이런 경우 아빠의 3년 뒤 가족 비전은 이렇게 적을 수 있다.

'2015년 3월 8일. 오늘 드디어 부장 승진이 확정되었다. 아내에게 알렸더니 뛸 듯이 기뻐하며 간만에 외식을 하자고 한다. 이럴 땐 아이가 카이스트에 있어 함께 하지 못하는 게 아쉽다. 외식 후엔 백화점에 가서 그동안 다이어트로 살을 많이 뺀 아내에게 근사한 원피스를 한 벌 사줘야겠다.'

엄마의 3년 뒤 비전은 아마도 이럴 것이다.

'2015년 5월 3일. 나는 지금 남편과 함께 카이스트에 재학 중인 아들을 보러 대전으로 가고 있다. 내가 살이 많이 빠졌다고 깜짝 놀라겠지. 참, 남편의 승진 소식을 전하면 아주 좋아할 것 같다.'

이런 식으로 가족의 비전을 자기 비전 안에 함께 그려 넣으면 그야말로 아주 강력한 비전이 완성된다. 자기 비전뿐 아니라 가족의 비전을 위해 협조하고 그것이 이루어질 거라는 강한 의지와 염원을 공유하게 되기 때문이다.

엄마의 비전이 아이에게 짐이 될지 힘이 될지는 전적으로 엄마에게 달렸다. 아이의 비전을 공유하고 그 달성을 위해 적극 협조할 필요는 있지만, 그렇다고 아이의 비전이 곧 엄마의 유일한 비전이 되어서는 곤란하다. 그런 경우 엄마의 비전은 아이에게 힘이 아닌 짐만 될 뿐이다.

이제 엄마들도 아이와 남편의 비전 달성을 위한 조력자에서 벗어나 자신만의 비전을 가져야 한다. 빛바래고 먼지 쌓인, 마음속 깊은 방으로 들어가 간절히 원했던 자기 모습을 찾아보자. 비전은 누구에게나 공평하게 기적을 나누어준다. 그러니 엄마들이여, 비전을 가져라.

비전 카드 공유

부모님과 아이가 각각 비전 카드를 작성해보세요. 비전을 다 적은 후에는 가족들과 공유하고, 지갑이나 수첩에 늘 넣고 다니세요.

카네기 스쿨에서 엄마와 아이들이 실제로 작성한 비전 카드를 참고하세요.

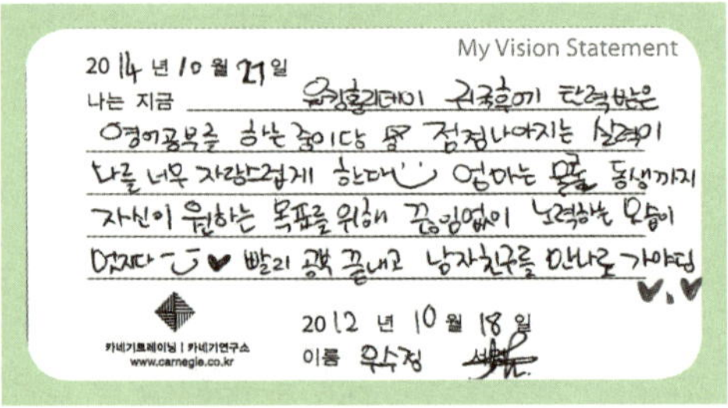

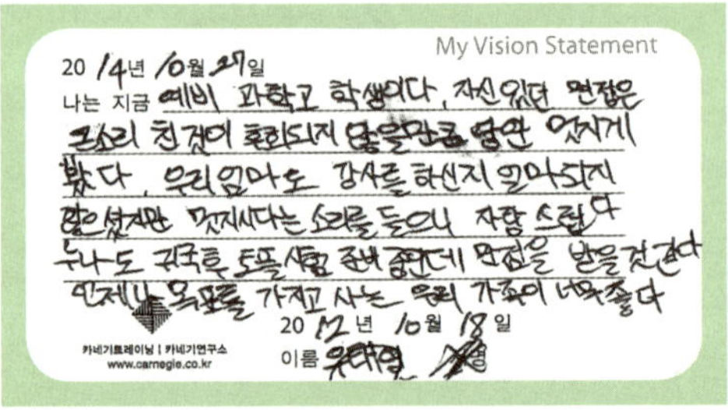

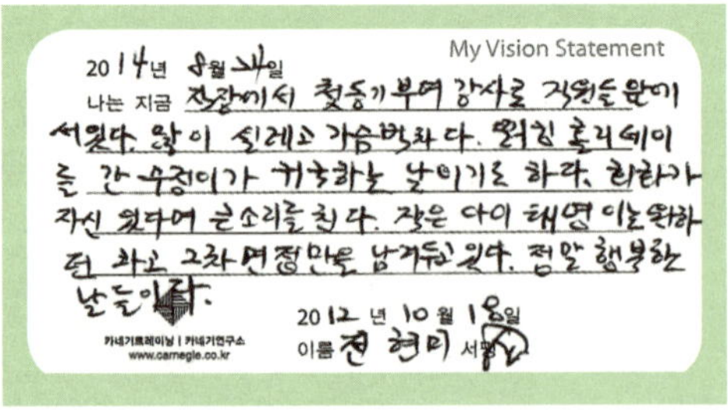

평범한 아이들이 만드는 비전의 기적들

멈춰선 기관차를 다시 달리게 한 아이들

얼마 전 TV에 고등학생 아들 때문에 고민이라는 한 아빠의 사연이 소개되었다. 아들은 되고 싶은 것이 없는 아이였다. 고교 졸업 후 한 달에 백만 원 정도 벌어 입에 풀칠만 하면 족하고, 남는 시간에는 게임을 하며 살고 싶다고 했다. 아이가 게임을 아주 잘하거나 중독 수준이냐 하면 그것도 아니었다. 한마디로 아무것도 하기 싫다는 이야기였다.

많진 않지만 카네기 스쿨에도 가끔 이런 아이들이 온다. 되고 싶은 것도, 하고 싶은 것도, 욕심도 의욕도 없는 아이들. 당장 일주일 후도 계획하지 않고 그저 순간을 사는 아이들…….

손가락 사이로 모래 빠져나가듯 허무하게 삶을 낭비하고 있는 이런 아이들의 문제는 과연 무엇일까? 바로 비전이 없다는 것이다. 멈춰선 아이들의 기관차를 다시 달리게 하려면 아이들 마음속에 비전을 심어줘야 한다.

이제부터 소개할 몇 가지 사례는 아이들이 비전을 만나 기관차를 다시 달리게 한 이야기들이다.

중학교 3학년 경호는 초등학교 5학년 때 1년간 미국으로 어학연수를 갔다가 심한 인종차별을 경험했다. 학교 친구들과는 그럭저럭 잘 지냈는데, 축구팀에 들어간 것이 화근이었다. 경호보다 덩치가 큰 축구부 아이들은 영어도 잘 못하고 왜소한 경호를 의도적으로 따돌리고 게임에 끼워주지 않았다. 이후 경호는 학교생활에 자신감을 잃었고 우울증까지 겪게 됐다. 결국 예정보다 빨리 귀국한 경호는 한국에서도 친구들을 잘 사귀지 못한 채 점점 말없고 소극적인 아이가 되어갔다.

그러던 경호가 비전을 설정한 이후로 조금씩 달라졌다. 의사가 되어 세계 각지에서 봉사활동을 하겠다는 비전을 세운 뒤부터 의욕적으로 공부에 매달렸다. 수학이라면 질색하던 경호였지만 지금은 누가 시키지 않아도 하루 세 시간 이상씩 수학공부를 하고 있다. 전에는 1~2분 시도해 안 풀리는 문제는 쉽게 포기했는데 지금은 풀릴 때까지 물고 늘어지는 오기도 생겼다. 뚜렷한 목표가 생긴 뒤 경호의 생활은 활기를 되찾았고, 미국에서의 왕따 경험도 조금씩 치유되고 있다.

고등학교 1학년 지윤이도 미국 유학을 다녀온 케이스다. 하지만 지윤이는 오히려 귀국한 뒤 어려움을 겪고 있었다. 미국의 자유로운 교육 분위기에 익숙해진 탓에 한국 학교에 적응하지 못했던 것이다. 꿈도 의욕도 없이 학교생활을 하던 지윤이는 카네기 스쿨에서 비전에 대해 배운 뒤로 국제공무원이 되겠다는 비전을 세웠다. 3년 뒤 고려대학교 국제학부에 입학해 십여 년 뒤에는 국제기구에서 활약하겠다는 구체적인 비전 피라미드를 작성했다.

비전이 명확해지자 무엇을 해야 할지도 선명해졌다. 여름방학부터 토플 공부를 시작했고 본격적인 내신 관리에 들어갔다. 비전은 학업 태도뿐 아니라 친구들을 대하는 자세까지 변화시켰다. 전에는 소극적으로 친구들을 대하던 지윤이가 지금은 학생 명예교사로 친구들에게 영어를 가르치고 있다. 얼마 전에는 학급 대표로 지휘를 맡아 교내 합창대회에서 우승을 하기도 했다. 늘 변두리에서 이방인처럼 맴돌던 지윤이는 어느새 리더가 되어 있었다.

"비전이 생기니 해야 할 일이 보여요!"

찬호는 초등학교 졸업 후 2년 동안 필리핀에서 유학생활을 했다. 다시 한국으로 돌아온 찬호는 막무가내로 학교에 가지 않겠다고 버텼다. 공부를 왜 해야 하는지 모르겠다는 게 이유였지만 사실은 그저 학교에 다니기 싫었다. 부모님도 찬호의 고집을 꺾지 못했다. 결국 찬호는 1년간 홈스쿨링을 하면서 검정고시로 중학교 과정을 마쳤다. 그러던 중에 비전에 대해 알게 되었고, 30년 뒤 훌륭한 작곡가가 되어 있는 자신의 모습을 그려보았다. 그러려면 우선 버클리나 줄리아드와 같은 세계적인 음대에 들어가야겠다는 생각이 들었다. 이후 찬호는 부모님이 시키지도 않았는데 자발적으로 고등학교에 입학하여 열심히 공부하고 있다.

고등학교 2학년 현재는 숫기가 없고 소심한 아이였다. 그런 현재가 달라진 것은 엔터테인먼트 회사의 CEO가 되겠다는 비전을 가지면서였다. 자신의 비전을 이루려면 무엇보다도 자신감과 리더십을 키워야겠다고 생각한 현재는 반장 선거에 출마했다. 평소 있는 듯 없는 듯 지내던 현재가 갑자기 반장이 되겠다고 나서자 친구들은 깜짝 놀랐다. 그런 의외성 덕분인지 친구들의 전폭적인 지지 속에 반장으로 선출되었다. 하면 된다는 자신감을 얻은 현재는 이제 전교회장에 도전하려 준비 중이다.

얼마 전 중국 요화국제학교에 비전 교육을 하러 간 적이 있었다. 거기서 만난 동우는 전교에서 '화장하는 남자아이'로 아주 유명했다. 아이라인까지 그리고 다니는 동우를 친구들은 이상한 눈으로 바라보며 은근히 따돌렸다. 한국에서 전문직에 종사하고 있는 부모도 동우를 전혀 이해하지 못하긴 마찬가지였다. 남자애가 공부는 안 하고 거울 앞에서 화장만 하고 있으니 성 정체성에 문제가 있는 건 아니냐며

상담을 요청했다.

하지만 내가 보기에 동우의 성 정체성에는 전혀 문제가 없었다. 단지 꾸미는 걸 좋아할 뿐이었다. 동우의 메이크업 기술과 지식은 거의 천부적이라 할 만했다. 여 선생님들도 동우에게 화장법이나 화장품 선택에 대해 조언을 받고 있었다. 당연히 동우의 비전은 세계적인 메이크업 아티스트가 되는 것이었다. 나는 반 아이들 앞에서 동우의 비전을 공유하고 직접 화장 기술을 선보이도록 기회를 주었다. 그 뒤부터 동우를 바라보는 아이들의 시선이 달라졌다. 단지 '화장하고 다니는 이상한 남자애'였던 동우는 '신동 메이크업 아티스트'로서 선망의 대상이 되었고 왕따에서 탈출할 수 있었다.

경태는 사춘기에 접어들면서 엄마와 계속 갈등을 빚었다. 친구들과 몰려다니느라 공부는 뒷전이었고 귀가 시간은 점점 늦어져 툭하면 자정을 넘겼다. 친구들과 노는 동안에는 엄마 전화도 받지 않았다. 성적은 점점 떨어져 중학교 3학년 때 내신이 92%가 됐다. 그러던 경태가 비전에 대해 알게 되면서 경찰대학에 가고 싶다는 자신만의 비전을 품게 되었다. 경태는 독하게 마음먹고 중학교 졸업과 동시에 기숙학원에 들어갔다. 공부에서 손을 놓은 지 오래여서 일단은 책상 앞에 앉는 연습부터 하기로 했다. 그렇게 하루 7시간 이상 책상에 앉아 지내기를 2개월, 경태도 모르는 사이 성적이 오르기 시작했다. 고등학교 반 배치고사에서 수학은 상반, 영어는 중반이라는 결과가 나왔다. 스스로에게 놀란 경태는 '나도 할 수 있다'는 자신감에 열정적인 고교

생활을 하고 있다.

많은 아이들이 증명한 것처럼 비전은 성적뿐 아니라 성격과 교우 관계, 세계관 등 아이의 모든 것을 변화시킨다. 비전을 만난 뒤로 아이들은 새로운 경험을 하게 됐다. 난생 처음 하루 7시간씩 책상 앞에 앉아본 아이도 있고, 반장에 도전한 아이도 있고, 학급을 이끄는 지휘자가 되어본 아이도 있었다. 그러면서 아이들이 만난 것은 결국 새로운 '나 자신'이었다. 무엇이든 할 수 있고 뭐라도 이룰 수 있는 자신……!

이 많은 아이들이 경험한 비전의 기적이 우리 아이에게도 일어날 수 있다. 인생에서 꼭 이루고자 하는 목표가 생기면 인생이라는 기관차는 반드시 움직인다.

Bonus Page

비전 설정에 관한 Q&A

Q1 비전은 몇 살부터 설정할 수 있나요?

비전을 일찍 설정할수록 남들보다 이른 출발을 하는 셈이다. 하지만 초등 저학년은 아무래도 비전에 대한 이해도가 떨어져 공주나 공룡이 되고 싶다는 등의 부적합한 비전을 세우는 경우가 많다. 따라서 비전 설정 시기는 초등 고학년 이후가 적당하다. 초등학생 시기는 하나의 목표를 향해 매진하기보다 다양한 분야에 관심을 갖고 잠재력을 키워가는 때다. 그런 만큼 비전 설정을 서두르지 말고, '안전지대'를 넓혀주거나 비전에 대한 동기를 부여하는 정도로 서서히 시작하는 것이 좋다.

Q2 우리 아이는 아프리카에서 봉사활동 하는 게 비전이라는데 도대체 어떻게 먹고살지 걱정이에요.

아이가 경제적으로 불안정한 직업을 비전으로 설정하면 부모들은 불안해한다. 하지만 그런 이유로 아이 비전을 억지로 바꾸려 해서는 안 된다. 정 불안하면 아이에게 다방면으로 비전을 세워보라고 하자. 경제적 비전, 종교적 비전, 사회적 비전, 직업적 비전, 가정 비전 등 다양한 카테고리를 이용해 구체적으로 비전을 설정하라고 하면 하나의 비전을 세울 때보다 더 현실적으로 미래를 설계하게 된다.

Q3 우리 아들은 아이돌 그룹 2NE1의 박봄과 결혼하는 게 비전이래요.

우선은 아이가 왜 그런 비전을 적었는지 생각해볼 필요가 있다. 대부분은 장난기나 반항심 때문일 것이다. 그렇다고 "이 녀석아, 이딴 걸 비전이라고 적었어? 지금 장난해?" 하고 야단을 쳐서는 안 된다. 우선 진솔한 대화를 통해 아이 마음의 단단한 벽부터 허물어야 한다. 아이와 유대감이 형성된 뒤에도 이런 비전을 세웠다면 "박봄과 결혼하는 건 네 가정생활에 대한 비전이구나. 그렇다면 다른 영역에서는 어떤 비전을 세울 수 있을까?" 하고 경제적 비전이나 사회적 비전, 직업적 비전 등 다양한 비전을 세워보도록 유도한다.

Q4 우리 아들 비전은 '공중부양' 이라네요. 이런 비전도 인정해줘야 하나요?

장난기나 반항심 때문에 진지하지 못한 자세로 비전을 설정했거나 비전에 대해 잘 이해하지 못한 경우라고 할 수 있다. 이럴 때는 비전의 '스마트SMART 공식' 에 대해 설명해준다. 스마트 공식이란 비전 설정의 5가지 조건 즉 'Specific(구체적이고)', 'Measurable(측정가능하며)', 'Attainable(달성가능하고)', 'Relevant(적합한)', 'Time-phased(기한이 있는)'의 앞 글자를 딴 것인데, 이 가운데 하나라도 충족시키지 못하면 비전이 될 수 없다. 공중부양은 스마트 공식 가운데 측정 가능하고 달성 가능하며 적합해야 한다는 조건에 어긋나므로 비전이 될 수 없다고 아이에게 설명해준다.

Q5 우리 아이는 비전을 못 세우겠다는데 어떻게 도와줘야 하나요?

비전을 쉽게 설정하지 못하는 것은 자신의 현재 상황에 자신이 없기 때문이다. 자신의 성적이나 가정 상황으로는 비전을 세운들 절대 실현될 리 없다고 생각하는 것이다. 이런 아이들에게는 현재 상황은 고려하지 말고 정말로 자신이 원하는 것을 비전으로 설정하면 된다고 알려준다. 현재 상황에 맞춘답시고 아예 비전조차 세우지 못하거나 지레 소박한 비전을 세우는 것보다는, 조금 무리인 듯해도 큰 비전을 세워야 그 과정에서 한층 성장할 수 있다고 말해주자. 이 책에 실린, 비전을 이룬 아이들의 생생한 사례를 함께 읽으며 누구라도 비전을 이룰 수 있다는 사실을 일깨워주는 것도 좋다.

어떤 아이들은 자신을 돌아볼 만한 환경을 조성해줄 필요도 있다. 여행을 떠난다거나 외식을 하러 간다거나 카페를 찾는 등 일상적인 공간을 벗어나는 것만으로도 아이에게 재충전과 자기 성찰의 기회를 줄 수 있다.

Q6 비전만 세워놓고 나 몰라라 하는 아이, 어떻게 해야 하나요?

부모는 아이가 비전을 달성하는 과정을 관심 있게 지켜보고 끊임없이 격려해주어야 한다. 만일 아이가 비전 달성을 위해 노력하지 않는다면 애초에 세웠던 비전에 대해 아이와 다시 이야기를 나눠보고, 필요하다면 비전을 바꿀 수도 있다. 또한 비전을 달성하는 데 있어 장애물이 무엇인지 점검하고, 적극적으로 제거하려고 노력해야 한다.

한 달에 한 번 정도 비전을 다시 적는 시간을 가져보는 것도 좋다. 이를 통해 비전을 더 구체화시키거나 추가시킬 수 있고, 자신을 돌아보는 시간도 가질 수 있다. 또한 원하는 비전에 관한 자료나 롤 모델의 사진을 벽에 붙여 놓는다거나 스크랩북을 만드는 등 비전을 시각화하는 방법도 효과적이다.

4

Dale Carnegie Coaching for Teens

카네기 자녀 코칭 | 3단계

장애물 극복하기

Dale Carnegie Coaching for Teens

아이의 장애물은
아이가 더 잘 안다

비전으로 가는 길목엔
반드시 장애물이 있다

자신이 설정한 비전을 향해 곧장 달릴 수만 있다면 얼마나 좋을까. 하지만 현실은 그렇지가 않다. '달성', '성취', '성공'은 어찌 보면 '고난'과 '역경'을 전제로 한 개념이라는 생각도 든다. 세상의 모든 위인전, 온갖 성공담을 다 뒤져봐도 고난과 위기 없이 순조롭기만 한 사례는 없다. 비전을 달성하기까지의 장애물은 반드시 있게 마련이다. 따라서 카네기 자녀 코칭에서 비전 설정 다음으로 해야 할 일은 장애물을 정확히 파악해 재빨리 제거하는 것이다. 아이의 앞길에 웅덩이가 있는지, 돌덩이가 있는지 알아내서 피해가거나 뛰어넘거나 돌아가도록 도와야 한다.

비전 달성의 장애물은 외적 · 내적으로 다양하다. 외적인 장애물은 가정환경의 문제, 부모와 주변 사람들의 비협조 등 외부환경에서 온다. 반면 내적인 장애물은 주로 아이의 습관이나 마음가짐에서 비롯된다. 콤플렉스, 불안감, 스트레스, 게임이나 SNS 중독증, 교우관계나 이성문제로 인한 고민, 부족한 체력 등이 여기에 속한다.

이 다양한 장애물 가운데 우리 아이에게 해당되는 것이 무엇인지 어떻게 알 수 있을까? 그것은 아이의 현재 상황을 알아보는 방법과 동일하다. 즉, 아이에게 물어보면 된다.

"네 비전을 달성하는 데 가장 큰 장애물이 뭘까?"

그런데 부모들은 이 간단한 질문을 하지 않는다. 자녀 코칭 세미나에서 만난 부모들에게 아이의 비전 달성을 방해하는 장애물이 무엇일지 물었다. 그랬더니 대부분의 부모들이 컴퓨터, 휴대전화, 친구관계, 이성문제, 부족한 체력 등이라고 대답했다. 아이에게 물어보겠다는 부모는 한 사람도 없었다.

부모들은 지레짐작으로 장애물을 파악하고는 그것을 멋대로 제거하려 한다. 예를 들어 아이가 6개월 안에 수학 성적을 1등급으로 끌어올린다는 단기비전을 세웠다면 이런 반응을 보이는 부모들이 있다.

"넌 컴퓨터 게임을 너무 좋아해. 한동안 컴퓨터 게임 금지야."

"늘 스마트폰이 문제야. 시험 끝날 때까지 스마트폰은 압수야."

"넌 체력이 너무 달려. 보약 한 채 먹어야겠다."

그런데 부모가 파악한 장애물은 아이가 생각하는 장애물과 대체로 다르다. 이성문제로 공부에 집중하지 못하는 아이에게 보약만 먹인다고 집중력이 높아질 리 없다. 수학선생님이 싫어서 수학 공부를 안 했던 것인데 난데없이 스마트폰을 압수한다고 수학 점수가 오를 리도 없다.

옆 사람 다리 긁는 식의 이런 엉뚱한 장애물 제거는 때때로 심각한 부작용을 일으키기도 한다. 효과가 없는 정도에서 끝나는 게 아니라 오히려 장애물을 새로 만드는 결과를 초래할 수 있다는 말이다.

장애물의 정체, 답은 엄마가 아닌 아이가 안다

"선생님, 저 죽고 싶어요."

얼마 전 카네기 스쿨 수료생인 중학교 3학년 종민이가 한 트레이너에게 카톡을 보냈다. 대뜸 던진 죽고 싶다는 말에 트레이너는 조금 당황했다.

"속상한 일이 있었나보구나. 무슨 일이야?"

트레이너가 전화를 걸어 묻자 종민이가 대답했다.

"엄마가 인터넷을 끊어버렸어요."

겨우 그 정도 일로 죽고 싶다니 어른 시각에서는 정말 이해가 안 될 수도 있다. 하지만 요즘 아이들에게 인터넷 게임을 못한다는 건 '겨우 그 정도 일'이 아니다.

"응, 그랬구나. 엄청 속상했겠다. 그런데 엄마가 왜 인터넷을 끊으셨는데?"

"내가 인터넷 게임 하느라 공부를 안 한 대요. 아니라고 몇 번을 말씀 드렸는데 꼼짝도 안 하시더니 오늘 학교 갔다 와보니까 인터넷을 진짜로 끊어버린 거예요. 아, 정말……."

인터넷 게임이 유일한 스트레스 해소 창구였던 종민이는 엄마가 일방적으로 인터넷을 끊어버리자 일종의 쇼크가 온 것 같았다. 무엇보다도 엄마가 종민이의 의견을 철저하게 무시하고 독단적으로 일을 처리한 데서 분노와 좌절감을 크게 느낀 듯했다.

트레이너는 종민이가 말한 '죽고 싶다'가 '화나서 죽겠네' 수준이 아니라 정말 위험한 상황이라는 걸 직감하고 종민이 엄마에게 전화를 걸었다. 그런데 자초지종을 들은 엄마는 황당하다는 반응을 보였다.

"아니, 난 그저 야단만 쳐서는 안 통하겠다 싶어서 본때를 보여주려고 했던 건데……. 애가 그렇게 심각하게 받아들일 줄은 꿈에도 몰랐어요."

종민이와 엄마 양쪽의 이야기를 들은 트레이너는 대강의 사정을 짐작할 수 있었다. 종민이 엄마는 인터넷 게임이 비전 달성의 장애물이라 판단했다. 전교 등수를 50등 올리겠다는 아들을 도와준답시고 자신이 직접 장애물을 제거하리라 팔을 걷어붙인 것이다. 그런데 정작 종민이가 생각하는 장애물은 인터넷 게임이 아니었다. 종민이는 친하게 지내던 친구들 무리에서 요즘 부쩍 소외감을 느끼고 있었다. 다시 말해 종민이가 판단한 비전 달성의 장애물은 교우관계였다. 그나마 인터넷 게임을 하며 친구들과 교감한다고 생각했던 종민이는 엄마가 멋대로 인터넷을 끊어버리자 거의 패닉 상태가 되었다. 그래서 죽고 싶다는 말까지 서슴지 않고 내뱉었던 것이다.

트레이너는 종민이의 감정에 공감해주면서 엄마와 다시 대화를 해보라고 권했고, 엄마에게도 극단적인 해결책이 최선은 아니라고 설명했다. 종민이와 비전 설정의 장애물에 대해 진지한 대화를 나눈 엄마는 종민이의 장애물이 인터넷 게임이 아니라는 사실을 인정하고 인터넷을 다시 연결하기로 했다. 종민이는 게임 시간을 줄이겠다는 각서와 공부 계획서를 엄마에게 제출하기로 했다. 종민이의 떠들썩했던 자살 소동은 이렇게 해결되었다.

종민이의 사례처럼 엄마 마음대로 비전 장애물을 판단하고 제거하려 들면 아이의 반발만 산다. 장애물을 제거하려다 가족 갈등이라는 또 다른 장애물을 추가하는 셈이다.

아이의 장애물은 아이가 제일 잘 안다. 그러니 엄마 혼자 장애물을 찾느라 고생하지 말고 아이에게 이렇게 물어라. 어려운 일도 아니잖은가.

“네가 생각하는 비전 달성의 장애물은 뭐니? 엄마가 어떻게 도와주면 될까?”

아이들이 꼽은 장애물 1위는 '엄마의 잔소리'

지난 2010년부터 2년 동안 카네기 스쿨의 부모와 아이들 900명을 대상으로 비전 달성의 가장 큰 장애물이 무엇이냐고 물었다. 부모들은 잠, 이성문제, 컴퓨터, 휴대전화 등 주로 아이의 잘못된 습관이나 마음가짐에서 오는 내적 장애물을 꼽은 반면, 아이들의 답변은 사뭇 달랐다. 외적 장애물 특히 '부모의 잔소리'라고 답한 아이들이 26%로 가장 많았다.

"엄마 잔소리만 들으면 짜증이 나서 비전이고 뭐고 공부할 마음이 싹 사라져요."

"잔소리 때문에 스트레스 받아서 공부가 더 안 돼요."

"아빠한테 한번 혼나고 나면 두 시간 동안은 멍해서 아무것도 못하겠어요."

부모 입장에서는 충격적인 결과일 수 있다. 아이 잘 되라고 했던 잔소리가 아이들에게는 비전을 달성하는 가장 큰 장애물로 받아들여졌다니 말이다.

단순히 잔소리가 듣기 싫어서 그렇게 대답한 거라면 좋겠지만, 안타깝게도 부모의 잔소리가 비전 달성의 장애물이라는 말은 사실이다. 비전을 달성하는 과정에서 아이들에게 가장 필요한 것은 부모의 믿음과 응원이다. 그러나 실제로 아이들이 부모들에게서 많이 듣는 것은 응원이 아니라 잔소리다. 비전을 달성하려면 자기 확신과 신념이 반드시 필요한데, 잔소리는 오히려 아이의 자존감을 떨어뜨려 비전과 더 멀어지게 한다.

"애가 잘해야 믿고 응원을 해주죠. 도무지 믿음이 안 가는 짓만 하니까 잔소리를 퍼붓는 거 아니에요."

부모들 말에도 일리는 있다. 그러나 닭이 먼저냐, 달걀이 먼저냐 따지기에 앞서 부모가 한 발자국 물러나주는 것이 맞다. 아이가 못 미더우니 잔소리를 퍼붓는다고 생각하지 말고, 못 미덥더라도 일단 믿어보자는 것이다.

"요즘 많이 힘들지? 우리 딸 고생하는 거 엄마가 잘 알지. 힘 내."

"넌 틀림없이 비전을 달성할 수 있을 거야. 엄마는 널 믿는다."

이런 응원의 말이 아이에게는 비전을 달성하는 마법의 주문이다. 반면 잔소리는 비전과 멀어지게 하는 저주다.

"등수 올린다고 비전만 그럴 듯하게 세우면 뭐해. 공부하는 꼴을 못 봤어."

"그렇게 게임만 하면서 비전은 언제 달성할 거야? 비전은 뭐 아무나 달성하는 줄 알아?"

아이의 잘못된 습관과 해이한 마음가짐 때문에 비전을 달성하지 못한다고 생각하는가. 실제로는 그 반대일 수 있다. 엄마가 습관적으로 내뱉는 잔소리가 오히려 아이에게는 심각한 장애물이 될 수 있다는 걸 알아야 한다. '아이를 위해 하는 잔소리'란 없다. 잔소리는 그저 장애물일 뿐이다.

으라차차

내적 장애물 뛰어넘기

외모 고민?
적극적으로 해결해주자

외적 장애물은 부모가 환경을 조절해주면 되지만 내적 장애물, 즉 아이의 잘못된 습관이나 마음가짐에서 비롯된 장애물들은 결국 아이 스스로 뛰어넘어야 한다. 내적 장애물을 잘 뛰어넘게 도와주려면 어떻게 해야 할까? 일단 요즘 많은 아이들이 고민하는 외모 스트레스부터 살펴보자.

자녀 코칭 세미나에서 만난 한 엄마에게 들은 이야기다. 동네 미용실에 갔는데, 한 여성이 스트레이트파마를 하고 있더란다. 파마를 마친 여성이 가운을 벗자 엄마는 깜짝 놀랐다. 옆 학교 교복을 입은 여고생이었기 때문이다. 옆 학교는 당시 중간고사 기간이었다. 여고생이 미용실을 나서자 엄마는 혀를 찼다.

"중간고사 기간에 세 시간씩 파마나 하고 있으니 쯧쯧. 쟤네 엄마도 속 깨나 썩겠네."

그러자 미용사가 빙그레 웃더니 한마디 했다.

"어머, 쟤 전교 1등 하는 애에요. 곱슬머리에 신경 쓰느라 공부에 집중을 못하겠어서 파마를 하는 거래요. 평소에는 야자 하느라고 미용실에 못 오고 시험기간에만 와요."

만약 이 여고생의 엄마가 "학생이 세 시간씩이나 파마할 여유가 어디 있어. 쓸데없는 신경 쓰지 말고 공부나 해."라고 했다면 어땠을까. 그렇다고 콤플렉스가 사라졌을 리 없다. 오히려 그 스트레스로 성적까지 떨어졌을지도 모른다. 세 시간을 투자해 나머지 시간에는 공부에만 집중할 수 있다면 그 방법이 더 효율적일 것이다.

작년 여름 카네기 스쿨에 너무 뚱뚱해서 왕따까지 당하고 있던 남자아이가 왔었다. 하지만 단기비전으로 20kg 감량을 설정하고 죽기살기로 다이어트를 한 결과 살도 빼고 왕따에서도 탈출할 수 있었다. 이렇게 장애물을 극복한 이후로는 교우관계도 좋아지고 학교 성적도 크게 올랐다.

요즘 아이들은 외모에 참 관심이 많다. 워낙 외모지상주의 사회라 아이들 탓만 할 수도 없다. 아이들이 외모에 관한 고민을 털어놓으면 부모들은 "그런 거 고민할 시간 있으면 공부나 더 해.", "멋 부리는 건

대학 가서도 얼마든지 할 수 있어.", "대학 가면 살 빠져." 식으로 넘기려고만 한다. 하지만 이런 해결책은 배고파 우는 아기에게 공갈 젖꼭지를 물리는 것과 같다. 외모가 고민이라면 앞의 두 경우처럼 부모가 적극적으로 해결해줄 필요도 있다. 뚱뚱하면 다이어트를 도와주고, 치아가 고민이면 치과 치료를 받게 하고, 여드름이 고민이면 피부과에 데려가는 식으로 말이다. 외모에 대한 고민은 학생 신분에 어울리지 않는 되바라지고 철딱서니 없는 짓이라는 편견은 버려야 한다. 그보다는 아이 입장에서 진지하게 함께 고민하고 적극적으로 해결책을 찾는 것이 더 현명하다.

친구 관계가 고민인 아이에겐 '공감하기 → 믿고 지켜보기'

사춘기 아이들에게는 또래 집단이 굉장한 영향력을 행사한다. 따라서 친구관계에 문제가 생기는 것만큼 두렵고 큰 스트레스가 없다. 하지만 아이들은 부모와 그런 문제를 의논하지 않는다. 걱정 끼치기 싫은 마음도 있겠지만 그보다는 부모가 별 도움이 안 될 거라 생각하기 때문이다. 너무 무디고 둔감해서 아이의 말에 공감을 안 해주는 부모, 반대로 너무 예민해서 별 일도 아닌데 학교나 친구를 찾아가 문제를 크게 만드는 부모, 둘 다 아이에겐 도움이 안 된다. 친구 문제로 고민하는 아이를 돕고 싶다면 일단 공감해줘야 한다. 그리고 아이를 믿고 스스로 해결할 시간과 기회를 주어야 한다.

카네기 스쿨에서 만난 중학교 2학년 주환이는 친구들과 잘 어울리지 못하는 아이였다. 초등학교 4학년 때 합창반 활동을 하던 중에 고음이 여자처럼 곱다는 이유로 계집아이 같다고 놀림을 당한 일이 계기가 되어 의기소침한 성격이 되었다. 주환이는 자신의 장애물이 교우관계라는 걸 깨닫고는 엄마와 함께 친구들과 친해지기 위한 몇 가지 공약을 만들었다. 웃는 얼굴로 먼저 인사하기, 친구들을 먼저 도와주기 등을 꾸준히 실천했더니 친구들이 하나둘 생기기 시작했다. 이후부터는 성격이 한결 밝아지고 성적도 많이 올랐다고 들었다.

주환이 엄마는 아이의 고민에 깊이 공감하되 앞장서서 해결하려 들지는 않았다. 대신 아이와 대화하고 이런저런 공약을 함께 만들면서 아이를 응원하고 격려하고 용기를 북돋워주었다. 이것이 아이에게는 사회성을 기르는 과정이다. 언뜻 보기에 주환이 엄마가 한 일은 아무것도 없는 것 같지만 사실상 모든 일을 한 것이나 다름없다.

왕따처럼 심각한 문제에는 전문가의 도움이 필요하다. 하지만 그런 경우가 아니라면 '공감, 그리고 믿고 기다려주기'면 충분하다. 단언컨대 이 두 가지만 잘해도 아이의 친구 문제는 거의 해결된다.

게임에 빠진 아이?
중독증 수준만 아니면 이해해줘라

요즘은 스마트폰이나 게임을 모르고서는 또래에 낄 수가 없다. 왕따를 당해서가 아니라 아이가 친구들의 대화나 놀이에 낄 수가 없어서 외톨이가 된다. 아이에게는 게임과 스마트폰이 또래들과 어울리는 유일한 매개체다. 따라서 무조건 "게임하지 마라", "학생한테 스마트폰이 왜 필요하냐" 하는 원론적인 설교만 해서는 안 된다. 어느 정도까지는 눈감아줄 필요도 있다는 말이다.

게임에 빠져 제 할 일을 못하리라는 건 부모의 선입견이다. 의외로 많은 아이들이 게임 시간을 스스로 조절할 줄 안다. 중3이나 고3이 되자 스스로 게임을 끊는 아이들도 많다. 그 때까지 엄마가 기다리지 못하고 잔소리를 퍼붓는 게 오히려 문제다.

만일 아이가 게임 중독증 수준이라면 당장 신경정신과 전문의를 찾아가야 한다. 하지만 그 정도가 아니라면 무조건 못하게 할 게 아니라 적당한 선에서 아이와 타협을 봐야 한다(물론 폭력성이나 선정성 등은 부모가 철저하게 관리해야 한다). 게임 하는 요일과 시간을 정해두는 것은 물론이고 이를 어겼을 때 받을 벌칙까지 아이와 미리 의논한다. 그런 다음에는 아이를 믿고 지켜볼 일만 남았다.

이성 문제,
부모가 억압하면 음지로 된다

십대들의 이성 문제라면 크게 세 가지로 나눌 수 있다. 이성 연예인에 대한 집착, 이성 친구 고민, 성적인 호기심. 이성 연예인에 대한 동경은 십대의 취미생활이자 스트레스 해소 창구, 또래끼리의 유대감을 확인하는 매개체다. 따라서 '연예인 뒤꽁무니나 쫓아다니는 한심한 짓'이라고 몰아대서는 안 된다. 오히려 하지 말라는 짓에 더 매력을 느끼는 십대 특유의 특성을 부채질하는 격이 될 수도 있다. 부모도 한때 연예인을 동경하던 시절이 있었던 만큼 아이 마음을 이해할 수 있으리라 생각한다. 연예인에 대한 관심을 완전히 차단하기보다 아이와 콘서트도 보러 가고 TV도 함께 보면서 곁에서 적절하게 조절해주는 것이 낫다.

이성 친구에 대해서도 마찬가지다. 무조건 안 된다고만 하는 것은 아이더러 부모를 속이고 몰래 만나라고 부추기는 것과 같다. 그보다는 차라리 건전하게 만날 수 있는 기회를 제공하는 편이 현명하다. 카네기 스쿨 아이들을 관찰해보니 이성 교제를 하는 아이들은 많았지만 쉽게 만나고 헤어지는, 전혀 심각하지 않은 관계가 대부분이었다. 아이들은 심각하지 않은데, 어른들만 심각하게 바라보는 게 문제다. '이성 친구는 곧 탈선'이라는 선입견에서 벗어나 아이들의 이성 교제를 긍정적인 눈으로 바라봐야 한다.

성적인 호기심 때문에 고민하는 아이들은 사실 많지 않다. 정작 걱정하는 쪽은 오히려 엄마다. 워낙 성적 자극이 넘쳐나는 시대인데다 청소년이 가해자인 성범죄도 많이 일어나다 보니 마음을 놓을 수 없는 것이다. 엄마들이 가장 걱정하는 것은 바로 음란물이다. 엄마들은 '우리 애가 설마……' 하겠지만 십대 남자아이라면 이미 음란물에 노출된 상태라고 봐야 한다. 요즘은 아이가 야동을 봤냐, 안 봤냐가 아니라 몇 GB나 갖고 있느냐가 문제인 시대다. 그런 만큼 엄마도 조금 여유로운 시선을 가질 필요가 있다. 음란물로부터 아이를 보호해야 하는 것은 맞지만, 엄마가 아이의 모든 것을 통제할 수는 없다는 걸 인정해야 한다. 그런 의미에서 특히 아들의 성적인 고민은 엄마보다는 아빠가 해결사로 나서는 게 좋을 것 같다.

비전 달성의 복병,
스트레스와의 한판승

스트레스, 자극은 같아도 반응은 아이마다 다르다

현대인은 스트레스와 동거하고 있다고 해도 과언이 아니다. 어른뿐 아니라 아이들도 학업 스트레스를 비롯한 크고 작은 스트레스에 시달린다. 그런데 누구나 다 겪는 스트레스라고 가벼이 여겨서는 안 된다. 스트레스 때문에 번번이 중요한 일을 그르치는 아이들이 생각보다 많다. 스트레스도 비전 달성의 아주 큰 장애물이다.

앞서 살펴보았던 다섯 가지 성공 요소를 기억할 것이다. 걱정 및 스트레스를 효율적으로 관리하는 능력은 성공을 위해 꼭 갖춰야 할 자질이다. 걱정과 스트레스를 관리하지 못하면 다른 능력이 아무리 뛰어나다 해도 역량을 제대로 발휘할 수가 없다.

오스트리아의 심리학자 빅터 플랭클린은 나치 수용소에 감금 당해 있는 동안 동일한 상황에서 나타나는 사람들의 반응이 매우 상이하다는 사실을 발견했다. 똑같은 자극이 주어졌는데도 누구는 짐승처럼, 또 누구는 성자처럼 행동하는 것을 본 그는 이 차이가 어디에서 오는지 고민하기 시작했다. 그가 내린 결론은 자극과 반응 사이에 빈 공간이 있고, 그 공간에 우리의 자유의지가 있다는 것이었다. 즉 자극을 선택할 수는 없어도 그것에 어떤 반응을 보일지는 우리들 스스로 선택할 수 있다는 말이다.

사실 학업 스트레스는 대한민국 십대라면 누구라도 피해갈 수 없는 보편적 스트레스다. 그런데 이에 따른 반응은 아이들마다 다르다. 어떤 아이는 긍정적인 마인드로 이겨내는 반면, 또 어떤 아이는 성적이 조금만 떨어져도 불안해하고 그 불안감 때문에 성적이 또 떨어지는 악순환을 겪는다. 심지어 학업 스트레스를 못 이겨 자살이라는 극단적 선택을 하는 아이들도 있다.

빅터 플랭클린의 말대로라면 학업 스트레스는 피할 수 없어도 그것에 대한 반응은 선택할 수 있다. 따라서 아이가 스트레스에 긍정적이고 건설적으로 대처할 수 있도록 마음의 힘을 길러주는 것이 카네기 자녀 코칭에서 해야 할 일이다.

중학교 2학년 소영이는 공부를 꽤 잘해 늘 전교 2~5등을 하는 아이였다. 선생님과 부모님은 조금만 노력하면 전교 1등도 할 수 있을 거라고 격려했다. 하지만 소영이가 전교 1등을 하지 못하는 것은 노력이 부족해서가 아니었다. 바로 시험 스트레스 때문이었다. 시험 날 아침이면 숨쉬기조차 힘이 들 만큼 가슴이 뛰고 식은땀이 났다. 틀리면 어쩌나 걱정하다 실제로 실수를 하기도 했다. 하지만 카네기 스쿨에 들어와 스트레스 관리 요령을 배운 뒤부터 소영이는 조금씩 달라지기 시작했다. 그리고 중학교 3학년이 된 지금은 전교 1등을 놓치지 않고 있다.

고등학교 1학년 주원이의 중학교 성적은 중상 정도였다. 그러다 중3 때 전교부회장에 당선되면서 성적 관리에 돌입해 마지막 기말고사에서 전교 14등이라는 놀라운 성과를 거두었다. 문제는 이때부터 시작되었다. 이 성적이 단순한 운인지, 자신의 진짜 실력인지 불안하고 초조해진 주원이는 고등학교에서 첫 중간고사를 치를 때까지 수전증이 생길 만큼 극심한 시험 스트레스를 겪었다. 그러다 카네기 스쿨에서 스트레스 관리 요령을 배운 뒤부터 마음을 다잡고 공부에만 전념할 수 있었다. 결과는 반 1등, 전교 15등. 이후 주원이는 성적이 오르면 오르는 대로, 떨어지면 떨어지는 대로 마음을 편안하게 먹고 공부할 수 있게 되었다.

가정에서도 소영이와 주원이가 카네기 스쿨에서 배웠던 스트레스 관리 요령을 충분히 익힐 수 있다. 다음에서 소개할 스트레스 관리법을 아이도 함께 읽고 실천해보자.

우리 아이의 스트레스는 어느 정도일까?

다음 항목들은 스트레스를 받았을 때 신체, 행동, 감정에 나타나는 징조들이다. 우리 아이에게 해당되는 항목이 얼마나 있는지 살펴보자. 신체, 행동, 감정 별로 세 개 이상의 징조가 나타나면 스트레스가 심한 편이라고 봐야 한다.

신체에 나타나는 징조

1 숨이 자주 막힌다.

2 목이나 입이 자주 마른다.

3 쉽게 잠을 이룰 수 없다.

4 편두통이 있다.

5 눈이 쉽게 피로해진다.

6 목이나 어깨가 자주 아프다.

7 가슴이 답답해 토할 기분이다.

8 식욕이 떨어진다.

9 변비나 설사가 있다.

10 몸이 쉽게 피곤해진다.

행동으로 나타나는 징조

1 불평이 많고 짜증이 잘 난다.

2 실수를 자주 한다.

3 폭식을 한다.

4 한 가지 일에 집착한다.

5 말수가 적어지고 혼자 있고 싶어 한다.

6 말도 안 되는 고집을 부릴 때가 있다.

7 사소한 일에 화를 잘 낸다.

8 다른 사람들의 시선에 관심이 없어진다.

9 공부가 아닌 다른 일을 하는 횟수가 증가한다.

10 학교 또는 학원에 지각 또는 결석이 증가한다.

심리·감정적인 징조

1 언제나 초조해하는 편이다.

2 쉽게 흥분하거나 화를 잘 낸다.

3 집중력이 떨어지고 인내력이 없어진다.

4 건망증이 심하다.

5 우울하고 쉽게 침울해진다.

6 뭔가를 하는 것이 귀찮다.

7 매사에 의심이 많고 망설이는 편이다.

8 공부에 자신이 없고 쉽게 포기하곤 한다.

9 무언가를 하지 않으면 불안하다.

10 깊이 생각하지 않고 판단한다.

대한민국 십대라면 아마도 신체, 행동, 심리 모든 영역에서 스트레스 징조가 많이 나타날 것이다. 아이가 얼마나 많은 스트레스를 받고 있고 일상에서 그 징조를 얼마나 많이 보이고 있는가를 알았다면, 이제 구체적으로 스트레스의 정체를 파악할 차례다.

사람을 괴롭히는 걱정거리의 대부분은 주로 안개에 싸인 듯 실체가 없는 것들이다. 만일 문제가 무엇인지 정확하게 파악할 수 있다면 해답도 쉽게 구할 수 있다. 미국의 과학자이자 발명가, 찰스 캐터링은 "기록된 문제는 이미 절반은 해결된 것이다."라고 말했다. 따라서 아이가 현재 어떤 걱정이 있는지, 어떤 스트레스를 겪고 있는지 구체적으로 적어볼 필요가 있다. 각 스트레스 별로 보이는 반응도 잊지 말고 적는다. 예를 들어 '엄마의 잔소리'가 스트레스라고 적었다면 그에 대한 반응, 즉 '짜증낸다', '방문을 쾅 닫고 들어가버린다' 등을 적으면 된다.

이렇게 하면 아이의 걱정과 스트레스가 무엇인지, 그에 어떤 반응을 보이는지가 한눈에 파악된다. 여기까지 했으면 이제 걱정과 스트레스에 대처하는 구체적인 방법을 알아볼 차례다.

걱정과 스트레스에서 벗어나는 3가지 기본 원칙

우선 카네기 스쿨에서 제시하는,

걱정을 극복하기 위한 세 가지 기본 원칙에 대해 알아보자. 아이와 함께 이 원칙들을 잘 읽고 우리 아이의 스트레스에는 어떤 원칙을 적용해야 효과적일지 생각해본다.

1. 자신만의 스트레스 해소법을 찾아라

모든 아이들에게 일관되게 적용되는 스트레스 해소법은 없다. 어떤 아이는 큰소리로 노래를 부르면 속이 뻥 뚫리지만, 또 어떤 아이는 노래 자체를 끔찍하게 싫어할 수도 있다. 따라서 아이에게 가장 적합한 스트레스 해소법을 찾도록 도와주어야 한다.

여자아이들은 수다나 쇼핑 등으로 스트레스를 푸는 경우가 많다. 만일 부모가 아이의 스트레스 해소를 도와주고 싶다면 분위기 좋은 카페에 데려가 한두 시간 정도 기분 전환을 시켜주는 것도 좋다.

남자아이들은 게임으로 스트레스를 해소한다는 경우가 압도적으로 많다. 언뜻 생각하면 게임도 나름 스트레스 해소 기능이 있을 것 같지만 사실은 그렇지 않다. 승패가 갈리는 게임 자체가 오히려 정신적 스트레스를 유발하는 역할을 하기 때문에 스트레스 해소법 가운데 가장 바람직하지 못한 방법이다. 남자아이들에게 가장 좋은 방법은 바로 '운동'이다. 적절한 강도의 운동은 스트레스로 분비되는 체내의 각종 유해 화학 물질을 제거해주고 엔도르핀을 분비시켜 스트레스 해소에 탁월한 효과가 있다.

이외에도 음악이나 영화감상, 독서, 동식물 키우기 등의 취미생활을 한다거나 자원봉사를 하는 것도 좋은 방법이다. 특히 자원봉사를 하면 헬퍼스 하이helpr's high라는 심리적 포만감을 경험하게 되는데, 이것이 평상시의 3배에 달하는 엔도르핀을 분비시켜 스트레스를 해소시켜 준다.

2. 어려움에 대처하는 법을 익혀라

걱정이나 스트레스가 있을 때는 다음의 세 단계를 거쳐 해결할 수 있다.
첫째, 일어날 수 있는 최악의 상황은 무엇인지 자신에게 물어라.
둘째, 그 최악의 상황을 받아들일 준비를 하라.
셋째, 그 상황을 조금이나마 개선하기 위해 노력하라.
가령, 아이들의 학업 스트레스에도 이 세 단계를 적용시킬 수 있다. 시험은 다가오는데 준비는 터무니없이 부족한 것 같아 불안하고 초조하다면 우선 일어날 수 있는 최악의 상황이 무엇인지, 즉 성적이 어느 정도 나올지 예상해본다. 그런 다음 겸허하게 그 결과를 받아들일 마음의 준비를 한다. 왜냐하면 시험이 얼마 남지 않은 시점에서 마음만 조급히 먹는다고 성적이 오를 리는 없기 때문이다. 마지막으로 상황을 조금이라도 개선시키기 위한 노력을 한다. 즉, 남은 시간 동안 다만 몇 점이라도 점수를 올릴 수 있도록 최선을 다해 시험을 준비하면 되는 것이다.

3. 걱정을 계속한다면 건강을 해친다는 것을 잊지 말라

며칠 전, 수험생의 80%가 학업 스트레스로 인한 과민성 장증후군을 앓고 있다는 뉴스가 발표되었다. 이외에도 우울증, 위장장애, 불면증, 위염 등 아이들이 앓고 있는 스트레스 질환은 매우 다양하다. 요즘 아이들이 가장 민감해하는 비만도 역시 스트레스가 원인일 수 있다. 이렇듯 걱정과 스트레스는 건강까지 해칠 수 있다는 사실을 늘 염두에 두고, 스트레스가 생길 때마다 즉시 해소하려는 노력을 해야 한다.

걱정과 스트레스를 극복하기 위한 기본 원칙 가운데 무엇을 적용할 것인지 결정했는가? 그렇다면 고민과 스트레스를 적었던 종이를 다시 꺼내 어떤 원칙과 목표를 적용할지를 작성하게 한다. 아이가 어려워하면 이렇게 질문해본다.

"자, 어떤 원칙을 적용할지 결정했으면 종이에 적어보자. 네가 선택한 이 원칙은 너의 평소 행동과 어떻게 다를까?"

"그 원칙을 적용하면 네 비전에 어떤 도움이 될 것 같니?"

"그 원칙을 적용하면 어떤 기대효과가 있을 것 같아?"

이 질문에 차례로 답하게 하면 된다.

작성을 마쳤으면 이제 실행에 옮겨야 한다. 앞으로 한 달 동안 자신이 선택한 원칙을 최선을 다해 실천하게 한다. 그리고 한 달 후, 아이와 함께 얼마나 성과가 있었는지 점검해본다. 만일 여전히 고민과 스트레스가 남았다면 다른 원칙을 적용하여 또 한 달 동안 실행한다. 이런 과정을 반복하면 아이는 스트레스와 고민을 적절하게 관리하는 자신만의 방법을 체득하게 될 것이다.

자극과 반응의 관계에 대해 고찰했던 빅터 플랭클린은 "자극에 어떤 반응을 보이는지에 우리의 성장과 행복이 달렸다."고 말했다. 따라서 지금 우리 아이에게 필요한 것은 등수 몇 계단 올리기가 아니라 스트레스에 현명하게 대처하는 방법을 익히는 것이다. 카네기 자녀 코칭에 따라 스트레스 관리 요령을 잘 익힌 아이는 스트레스의 노예에서 벗어나 자기 삶의 온전한 주인이 될 수 있다.

나의 걱정 및 스트레스는?

아이의 걱정거리나 스트레스를 적는 코너입니다. 각각의 공간에서 어떤 스트레스를 받고 있는지, 그때 어떤 반응을 보이는지 적어보게 하세요.

집에서 내 스트레스는…

내 반응은…

학교에서 내 스트레스는…

내 반응은…

학원에서 내 스트레스는…

내 반응은…

○○에서 내 스트레스는…

내 반응은…

걱정 및 스트레스 극복 서약서

아이와 함께 스트레스 극복 서약서를 작성하고 한 달 동안 실천해봅니다.

날짜 :

걱정, 스트레스 :

적용할 원칙 :

실천 계획 :

실천 결과(목표) :

이름 : 서명 :

목표를 도와줄 사람 이름 : 서명 :

장애물을 치우는 엄마 vs 장애물이 되는 엄마

아이를 꼭두각시로 만드는 '헬리콥터 맘'

한 기업의 인재개발팀에서 근무할 때의 일이다. 신입사원을 모집한다는 공고에 굉장한 인재들이 모여들었다. 그 가운데는 프린스턴 대학을 졸업한 여성도 있었다. 그런데 면접 자리에서 보니 인성이나 인간관계 기술이 형편없었다. 그녀는 당연히 합격자 명단에 오르지 못했다. 며칠 뒤, 그녀의 부모가 나를 찾아왔다. 불합격 이유를 알려달라는 것이었다. 뛰어난 스펙을 가진 자기 딸이 왜 떨어졌는지 도무지 납득하지 못하겠다는 뜻이었다. 만일 프린스턴 졸업생이 직접 찾아와 불합격 이유를 알려달라고 했다면 흔

쾌히 조언했을 것이다. 그런데 당사자가 아닌 부모가 찾아왔다는 것이 나로서는 정말 황당했다. 어찌어찌 부모를 돌려보낸 나는 안도의 한숨을 내쉬었다. 그녀를 뽑지 않길 천만 잘했다는 생각이 들었기 때문이다.

아이를 한둘만 낳아 귀하게 키우는 시대라서일까? 다 자라 성년이 된 자녀를 여전히 치마폭에 싸서 키우려는 부모들이 참 많다. 아이가 두발자전거를 처음 탈 때는 부모가 뒤에서 중심을 잡아줘야 하지만 익숙하게 타기 시작하면 그저 뒤에서 바라봐야 한다. 그런데 요즘 부모들은 자전거 타는 아이 뒤를 따라 달리며 여전히 중심을 잡아주려 한다. 행여 넘어지진 않을까, 잘못된 길로 접어들진 않을까, 불안하고 초조한 마음에 아이가 어딜 달리든 그림자처럼 따라붙는다.

이런 세태를 반영한 신조어가 바로 '헬리콥터 맘'이다. 아이가 대학생이나 사회인이 되었는데도 헬리콥터처럼 아이 주변을 맴돌면서 참견하는 엄마를 가리키는 말이다. 아이가 어릴 때부터 24시간 붙어 다니며 아이의 모든 것을 통제하고 관리하던 엄마들은 아이가 대학생이 되어도 쉽사리 손을 떼지 못한다. 그래서 요즘 대학생들은 수강신청 하나도 제 뜻대로 못하고 엄마와 의논한다고 한다. 그뿐만이 아니다. 동아리 활동도 스펙과 경력 관리에 도움이 될 만한 것들로 엄마가 골라준다. 취업박람회는 취업준비생이 아니라 엄마들로 북적인다.

치맛바람은 아이가 사회인이 되어서도 이어져서 어떤 엄마들은 경력 관리뿐 아니라 회사 부서 배치에까지 참견한다. 또 아이를 결혼시키고도 부부생활에 개입해 고부갈등 또는 장모·사위 갈등을 일으키기도 한다.

이렇게 철저하게 엄마 치마폭에 싸여 자라는 요즘 아이들, 과연 잘 자라고 있는 것일까? 초등학교 교사인 지인이 2학년짜리 아이들에게 동물원을 그리라고 했단다. 그랬더니 어떤 아이가 손을 번쩍 들고는 코끼리를 무슨 색으로 칠할지 정해달라고 했다는 것이다. 부모가 색깔을 정해주지 않으면 코끼리에 색칠도 못하는 게 요즘 아이들의 현실이다.

왕따 문제만 해도 그렇다. 왕따는 어느 세대에나 다 있었지만 심각한 사회문제로까지 대두된 것은 최근 들어서다. 왕따 문화가 폭넓게 자리하게 된 데는 헬리콥터 맘들의 과잉보호가 한몫했다는 생각이 든다. 아이가 친구들과의 문제를 스스로 해결할 기회를 주지 않고 부모가 먼저 개입했기 때문이다. 어릴 때부터 아이들 싸움에 부모가 끼어들어 참견하고 심판을 봐주었기 때문에 자라서도 아이들이 또래와 생기는 갈등과 문제를 스스로 해결하지 못하는 것이다.

한마디로 요즘 아이들은 부모의 꼭두각시로 자라고 있다. 인생의 주도권을 본인이 아닌 부모가 쥐고 있는데도 그 사실조차 자각하지 못하는 꼭두각시들이다. 부모가 아이를 이렇게 키워놓고도 왜 자기주도적으로 못 사느냐고 비난하면 아이는 과연 뭐라고 대답해야 할까.

아이는 헬리콥터가 아니라 빗자루를 원한다

헬리콥터 맘들은 아이가 장애물을 만났을 때도 아이 대신 제거해주려 한다. 아니 만나기도 전에 미리 없애려고 한다. 이런 부모가 제일 많이 하는 말이 바로 이것이다.

"너는 공부만 해. 나머지는 엄마가 다 알아서 할게."

그 프린스턴 졸업생의 엄마도 그런 유형이었을 것이다. 아이가 면접에서 떨어졌으면 그 좌절감은 아이가 스스로 감내해야 한다. 그리고 왜 떨어졌을까를 치열하게 고민하고 다시 한번 자신을 돌아봐야 한다. 그런데 그 엄마는 아이의 고민까지 자신이 대신해주고 있었다. 아이가 좌절할 기회를 빼앗고 장애물을 대신 뛰어넘으려 했다. 결국 프린스턴 대학생의 가장 큰 장애물은 부모였던 셈이다.

카네기 자녀 코칭에서는 장애물 제거 단계에서 부모가 해야 할 일이 바로 '빗자루 역할'이라고 말한다. 아이 갈 길을 앞서 걷지도 말고, 대신 걷지도 말고, 다른 길로 가라고 참견하지도 말고, 그저 아이 갈 길을 깨끗하게 쓸고 돌멩이를 골라주는 빗자루가 되어야 한다는 말이다.

어떤 부모는 비질로만 만족할 수 없어 포장도로를 내려 한다. 아이가 걸을 길이 험하다며 중장비를 동원하여 떠들썩하게 덤빈다. 하지만 험한 길을 선택한 것이 아이라면, 그 과정을 감내해야 하는 것도 아이의 몫이다. 달라이 라마는 "길이 험하면 더 튼튼한 신발을 신으면 된다."고 했다. 그 말처럼 부모는 그저 아이 발에 잘 맞는 튼튼한 신발 한 켤레만 내어주면 된다. 비전을 향해 한 발자국, 또 한 발자국 내딛을 아이를 위해 튼튼한 신발을 신겨주고, 앞길을 쓸어주고, 잘 가라고 손 흔들어주는 부모가 카네기 자녀 코칭에서 말하는 진짜 부모다. 아이를 위한답시고 그 이상을 하려 할 때 부모는 아이의 비전을 방해하는 장애물이 된다는 사실을 명심하자.

Bonus Page

아이와 함께 읽는, 스트레스 다루는 7가지 방법

1 항상 바쁘게 살아라.

윈스턴 처칠은 제2차 세계대전이 절정일 무렵 하루 18시간씩 일을 하면서 "나는 너무 바빠서 고민할 시간도 없다."라고 말했다. 그의 말처럼 바쁜 와중에도 고민을 끌어안고 있을 사람은 없다. 학업 스트레스에 시달리는 아이들이 해야 할 일은 성적 걱정이 아니라 오늘 해야 할 일과에 집중하는 것이다. 나에게 주어진 오늘을 충실히 살아가다 보면 고민이 사라지면서 어느새 내일을 준비하게 된다.

2 사소한 일에 신경 쓰지 말라.

큰일은 그런대로 참고 견디면서 사소한 고민에 괴로워하는 아이들이 많다. 대부분의 고민은 그것을 확대해석하는 데서 비롯된다. 그러니 사소한 일에 얽매이지 말고 매사를 유쾌하게 받아들이도록 노력하자.

3 내 고민에 정당성이 있나 따져보자.

두려움과 불행은 대부분 상상에서 생기지 현실에 존재하지 않는다. 심리학자 어니 J. 젤린스티에 따르면 걱정다운 걱정은 겨우 4%에 불과하다. 걱정의 40%는 현실에서 아직 일어나지 않은 일이며, 30%는 이미 일어나 어쩔 수 없는 일이고, 26%는 걱정을 위한 걱정, 사소한 걱정, 통제 밖의 걱정이다. 그러니까 '시험 못 보면 어쩌나.' 하고 일어나지도 않은 일에 대해 걱정하거나 '시험 못 봤는데 어쩌지.' 하고 이미 일어난 일에 대해 걱정하는 것은 쓸데없는 짓이다. 지금 내가 하고 있는 고민에는 얼마나 정당성이 있을까, 걱정다운 걱정도 아니면서 괜히 스스로만 괴롭히고 있는 건 아닐까, 한번쯤 점검해보자.

4 불가피한 일은 받아들여라.

학업 스트레스는 대한민국 십대라면 누구나 겪는 스트레스다. 이런 불가피한 스트레스는 아무리 반항하고 발버둥 친다 해도 사라지지 않는다. 여기에 대항하는 유일한 방법은 불가피한 스트레스에 대응하는 우리의 반응을 바꾸는 것이다. 사사건건 괴로워하고 힘들어할 게 아니라 어쩔 수 없는 일로 받아들이고 인정하면 마음이 한결 가벼워진다.

5 걱정에 '손실 정지' 명령을 내려라.

'손실 정지'란 자신이 매입한 주식의 가격이 일정 금액 이하로 떨어지면 즉시 되팔아 손실을 최소화하는 것을 가리킨다. 살다 보면 이미 저지른 실수로 인해 이후에 더 큰 실수를 저지를 것 같은 때가 있다. 이런 경우에는 걱정에 손실 정지 명령을 내려야 한다. 스스로에게 다음의 세 가지 질문을 던져 보자.

첫째, 내가 걱정하고 있는 이 일이 얼마나 중대한 일인가.

둘째, 이 걱정에 대해 어느 정도 선까지 더 고민할 것인가.

셋째, 내 실수에 대해 어떤 대가를 지불하면 될까, 이미 충분히 지불한 것은 아닐까.

이 세 단계를 밟아 생각을 정리하다 보면 끝도 없는 고민의 고리를 끊고 현명한 해결책을 찾을 수 있다.

6 과거에 얽매이지 말라.

고민해봤자 이미 어쩔 수 없는 일이라면 과감하게 잊어야 한다. 과거의 잘못이나 실수를 되풀이하지 않으리라는 다짐만 남기고 후회는 버리자. 이미 지나가버린 일로 마음을 괴롭히는 것처럼 어리석은 짓은 없다.

7 걱정 해결 공식 적용하기.

캐리어 사의 CEO, 윌리스 H. 캐리어는 사업 걱정으로 늘 너무 많은 스트레스를 받았다. 그러던 중 '걱정을 해결하는 마술 공식'을 만들었고, 이를 사업 및 일상에 적용하여 놀랄 만큼 효과를 보았다.

첫째, 일어날 수 있는 최악의 상황은 무엇인지 자신에게 물어라.

둘째, 그 최악의 상황을 받아들일 마음의 준비를 하라.

셋째, 그 상황을 조금이나마 개선하기 위해 노력하라.

5

Dale Carnegie Coaching for Teens

카네기 자녀 코칭 | 4단계

적절한 보상하기

Dale Carnegie
Coaching for
Teens

칭찬으로 아이 마음에 훈장을 달아주자

아이가 아이폰보다 더 간절히 원하는 보상

카네기 자녀 코칭의 마지막 단계는 '보상해주기'이다. 아이가 비전을 설정하고 장애물을 뛰어넘어 마침내 달성에 이르면 그것을 인정하고 보상해주어야 한다.

그렇다면 아이들은 과연 부모에게 어떤 보상을 받길 원할까? 최신 스마트폰, 태블릿 PC, 유명 브랜드의 운동화나 점퍼를 원하는 아이도 있겠지만, 사실은 그런 물질적 보상보다는 부모로부터 진정으로 인정받길 원하는 아이들이 더 많다.

"에이, 그럴 리가요. '시험 잘 보면 뭐 사줄 거냐'고 묻는 애가 겨우

'잘했다' 이 한마디에 만족한다고요?"

이렇게 반문하는 부모는 아직 아이의 현재 상황을 잘 파악하지 못한 것이다. 반복해 말하지만, 겉으로 드러나는 말이나 행동만으로 아이를 판단해서는 안 된다. 겉으로야 이런저런 물질적 보상을 요구한다 해도 아이의 속마음은 전혀 다르다. 부모에게 인정받는 것이야말로 아이가 원하는 최고의 보상이다.

2012년 4월, 충북도교육청에서 조사한 바에 따르면 아이들이 부모나 교사로부터 가장 듣고 싶어 하는 말 1위가 "넌 할 수 있어"였다. 그 다음은 "너 성격 참 좋구나", "사랑해", "고마워" 순이었다. "최신 스마트폰 사줄게"와 같이 물질적 보상을 약속하는 말은 순위에 없었다. 반면 가장 듣기 싫은 말은 "나중에 커서 뭐가 되려고 그러니", "넌 어쩜 그 모양이냐", "컴퓨터 그만하고 공부 좀 해라" 순이었다.

아이가 부모에게 듣고 싶은 말을 살펴보면 하나같이 아이의 잠재력과 존재 자체를 인정하는 표현이라는 것을 알 수 있다. 반대로 듣기 싫어 하는 말은 아이를 인정하지 않고 못 미더워하는 말들이었다.

철학자 존 듀이는 인간성의 내부에 존재하는 가장 강렬한 갈망은 '중요한 사람이 되려는 욕망'이라고 말했다. 심리학자이자 철학자인 윌리엄 제임스 역시 "인간성에 있어서 가장 심오한 원칙은 다른 사람으로부터 인정받고자 하는 갈망이다."라고 했다. 굳이 명사들의 말을 빌지 않더라도 우리는 알 수 있다. 인간이 고난에 굴복하지 않고 꿋꿋하게 목표를 향해 전진하는 이유도 결국 다른 사람들에게 인정받고자 하는 욕망 때문이라는 것을 말이다. 링컨이 야채 가게 점원으로 일하면서 법률 공부를 했던 것도, 베토벤이 청력을 상실한 와중에 명곡을 작곡했던 것도 결국 중요한 사람이 되려는 욕망, 다른 사람에게 인정받고자 하는 욕망 때문이다.

인간의 근원적인 이 욕망이 한낱 스마트폰, 유명 브랜드 운동화 따위에 밀릴 거라 생각되는가? 아니다. 아이에게도 타인에게 인정받고자 하는 욕망이 있고, 이것은 최신 스마트폰을 갖고 싶다는 욕망에 비할 바도 안 되게 크고 강렬하다.

"엄마는 있는 그대로의 너를 사랑해"

그렇다면 아이를 인정한다는 걸 어떻게 표현해야 할까? 가장 좋은 방법은 바로 고래도 춤추게 한다는 '칭찬'이다.

여섯 살 난 우리 딸아이는 그림 한 장을 완성할 때마다 쪼르르 내게 달려온다.

"우와, 정말 멋진 그림이다. 이 물고기들은 정말 살아있는 것 같은데?"

내가 칭찬하면 딸아이 볼이 발그레해지면서 얼굴에 자부심과 자랑스러움이 번지기 시작한다. 세상에서 가장 행복한 표정이다.

어릴 때는 밥 잘 먹고 용변만 잘 봐도 칭찬을 듣는다. 아이가 걸음마를 하기까지 부모로부터 얼마만큼의 칭찬을 듣는 줄 아는가? 무려 2만 5천 번이라고 한다. 하지만 아이가 자라 초등학교 고학년이 되면서부터 아이에 대한 부모의 기대치도 함께 커지면서 칭찬은 급격히 줄고 잔소리만 는다.

카네기의 《인간관계론》에는 한 사려 깊은 남편의 일화가 나온다. 교회의 자기계발 프로그램에 참가하고 있는 부인이 남편에게 자신이 훌륭한 가정주부가 되기 위해 필요한 여섯 가지 요구사항을 기입해달라고 요청했다. 사실 남편 입장에서는 아내가 고쳐주었으면 하는 점이 열 가지도 넘었다. 하지만 남편은 요구사항을 쓰는 대신 이렇게 적었다.

'당신에게 고쳐달라고 할 여섯 가지 일을 생각할 수가 없었소. 나는 지금 당신 그대로의 모습을 사랑하오.'

만일 아이가 다가와 "엄마, 내가 고쳤으면 하는 여섯 가지가 뭐야?" 하고 묻는다면 어떻게 대답할 것인가. 마음 같아서는 여섯 가지가 아니라 백 가지라도 대고 싶겠지만 현명한 부모라면 이렇게 대답할 것이다.

"엄마는 네가 고쳤으면 하는 게 없어. 지금 그대로의 너를 사랑해."

이 말 한 마디가 잔소리 백 마디보다 더 강력한 효과를 발휘할 거라는 건 두 말할 나위가 없다.

스티브 잡스는 태어난 지 일주일 만에 입양되어 양부모 손에 자랐다. 그가 일곱 살 때, 친구로부터 "네가 입양아라고? 그럼 넌 버려진 아이구나."라는 말을 듣고 울면서 집에 왔다. 그때 양부모가 그에게 말했다.

"넌 버려진 게 아니란다. 넌 우리한테 선택받은 특별한 아이다."

스티브 잡스는 이 말을 평생 가슴에 품은 채 자부심을 잃지 않고 살았다. 세상의 모든 아이들에게는 이런 말이 필요하다. 자신의 특별함을 증명하고, 잠재력을 인정해주는 말, 그래서 평생 자부심을 잃지 않도록 버팀목이 되어주는 말…….

어떤 부모가 아이에게 6일 동안 음식을 주지 않는다면 당장 아동학대로 고발 당할 것이다. 하지만 음식 못지않게 중요한 칭찬을 하지 않은 채 6일, 6주, 심지어 6년을 보내는 부모도 있다. 물질적 보상만으로는 아이를 변화시키지 못한다. 물질적 보상은 한순간의 만족으로 끝나지만, 진심을 담은 칭찬과 인정은 더 큰 비전에 도전하게 하는 평생의 밑거름이 된다.

"그렇게까지 노력하더니 결국은 해냈구나. 네가 정말 자랑스럽다."

부모의 이 한 마디가 아이에게는 세상 그 무엇보다도 커다란 보상이자 마음의 훈장이다.

아이의 잠재력을 키우는 카네기식 물음표 칭찬법

쉽고 부담 없이 실천하는 카네기 칭찬법

이 책에서 다루어진 모든 자녀 코칭 방법과 마찬가지로 칭찬에도 연습이 필요하다. 자녀교육서에서 워낙 많이 다루어지는 내용이라 칭찬의 방법이나 효과에 대해 잘 모르는 부모는 거의 없다. 문제는, 지식은 있는데 연습을 하지 않아 실천하기가 쉽지 않다는 것이다.

어떤 엄마는 잘못 칭찬하면 오히려 역효과가 난다는 책들을 많이 봤다면서 이것저것 가리다 보면 칭찬할 엄두가 안 난다고 한다. 아이에게 칭찬 한 마디 건네기 위해 책 한 권을 읽어야 한다면 나라도 그럴 것 같다. 칭찬을 그렇게 어렵고 복잡하게 생각해선 안 된다.

칭찬해야지, 생각했다가도 입이 잘 안 떨어지는 것은 무엇을 칭찬해야 할지 모르기 때문이다. 그럴 때는 TAP를 기억하면 된다.

T (Things) : 아이의 물건이나 외모를 칭찬하라.

A (Achievement) : 아이가 이룬 성취를 칭찬하라.

P (Personal trait) : 아이의 용기 등 자질을 칭찬하라.

가장 쉬운 것은 물건이나 외모에 관한 칭찬이다. 어렵게 생각하지 말고 눈에 보이는 대로 칭찬하면 된다. 특히 아이가 각별히 신경을 쓴 듯한 부분을 콕 짚어 칭찬하면 효과적이다.

"새로 산 티셔츠가 아주 잘 어울리는구나."

"휴대전화 고리가 참 예쁘다. 잘 골랐네."

그런데 이런 칭찬은 쉽고 부담 없는 대신 아이를 긍정적인 방향으로 이끄는 힘이 부족하다. 따라서 물건이나 외모보다는 아이의 성적이 올랐다거나 상을 받았다거나 하는 등의 노력과 성취에 대한 칭찬을 하는 것이 좋다. 그러나 무엇보다도 가장 바람직한 것은 용기, 노력, 성실함, 인내력, 리더십 등 아이의 자질을 칭찬하는 것이다.

자질에 대한 칭찬이 어렵다고 생각된다면 다음과 같이 4단계에 걸쳐 연습해보자.

1단계 이름을 부른다.

2단계 딱 한 가지만 칭찬한다.

3단계 칭찬의 증거를 댄다.

4단계 존경을 표시한다.

증거를 댈 수 있으면 칭찬, 없으면 아부다. 칭찬을 싫어하는 아이는 없지만, 구체적인 이유가 없는 칭찬은 진심이 아닌, 그저 듣기 좋으라고 한 소리라는 느낌이 들어 오히려 불쾌감을 준다. 따라서 3단계, 칭찬의 증거 대기를 절대 잊어서는 안 된다.

4단계에서 존경을 표시하라는 것은 아이에 대한 믿음, 자랑스러움, 사랑 등을 표현하라는 뜻이다. "그래서 엄마는 우리 딸이 참 자랑스러워.", "그러니까 아빠는 우리 아들이 참 믿음직해." 등의 말로 칭찬을 마무리하면 된다.

이 4단계에 따라 어떻게 칭찬을 할 수 있는지 예를 들어보겠다.

1단계 주영아,

2단계 엄마랑 한 약속을 아주 잘 지켰네.

3단계 공부하는 동안 스마트폰을 꺼두겠다더니 정말 그랬구나.

4단계 우리 주영이, 진짜 믿음직스럽다.

1단계 소희야,

2단계 정말 부지런하구나.

3단계 연휴 첫날인데 벌써 숙제를 다 해놨네.

4단계 엄마는 우리 소희가 참 자랑스러워.

부모가 겨우 네 마디 말을 건넸을 뿐인데 아이 마음에는 부릉부릉, 시동이 걸린다. 더 자랑스럽고 더 믿음직한 아이가 되고 싶다는 열망이 생기고 그것을 추진력 삼아 달리기 시작한다. 아이 마음을 움직이는 것은 언제나 이렇게 사소하고 따뜻한 것들이다.

머릿속엔 물음표, 가슴속엔 느낌표를 그리는 칭찬

줄리아드 음대 바이올린과의 강효 교수는 클래식 문외한에게도 꽤 알려진 세계적인 명교수다. 장영주, 길 샤함, 캐서린 조, 리비아 손, 아델 안소니 등 세계적인 바이올리니스트들이 그의 손을 거쳐 갔다. 그래서 별명이 '천재 제조기', '신동 제조기'다.

몇 년 전 TV에 강효 교수의 레슨 장면이 소개된 적이 있다. 그는 말이 많은 편은 아니었다. 학생들이 연주하는 내내 팔짱을 낀 채 가만히 듣고만 있었다. 충고나 조언, 가르침이라고는 전혀 없었다. 그렇게 듣기만 하다가 이따금씩 갑자기 박수를 치며 “브라보!”를 외쳤다. 그걸로 레슨은 끝이 났다.

PD가 왜 갑자기 “브라보”를 외치는지 물었다. 그는 그 질문에도 바로 답하지 않았다. 한동안 가만히 있다가 이 한 마디를 남기고 카메라 앞을 떠났다.

“새싹은 햇빛을 잘 받아야 잘 자랍니다.”

그의 말은 무슨 뜻을 담고 있었을까. 사실 줄리아드 음대 학생 정도면 자신의 취약점을 누구보다도 잘 알고 있을 것이다. 스스로도 잘 알고 있는 단점을 교수가 한 번 더 지적한다고 무엇이 달라질까. 오히려 사기만 꺾는 결과를 초래할 수도 있다. 강효 교수는 그 사실을 잘 알고 있었다. 그래서 학생 자신이 잘 알고 있는 취약점을 지적하는 대신 미처 몰랐던 강점을 칭찬하는 전략을 썼다. 새싹이 자라는 데 햇빛이 필요한 것처럼 아이들 역량을 키우는 데 칭찬만한 게 없다는 걸 잘 알고 있었던 것이다.

강효 교수의 레슨 방법은 카네기 자녀 코칭에서 말하는 칭찬 방법과 매우 흡사하다. 아이 머릿속에 물음표를 만드는 칭찬. 늘 하던 대로 연주했는데 교수님이 갑자기 “브라보!” 하며 박수를 쳐준다면 어떨까. 학생 머릿속에 커다란 물음표가 그려질 것이다. 왜 이 부분을 칭찬하셨을까, 내가 무엇을 잘한 걸까……. 처음에는 왜 칭찬을 받았는지 의아하겠지만 나중에는 그 부분이 자신의 강점이라고 확신하게 될 것이다.

자신의 강점을 새로이 발견하게 하는 칭찬, 그것이 바로 아이 머릿속에 물음표를 만드는 칭찬이다. 예를 들어 평소 성격이 급했던 아이가 인내심을 발휘했다면 그 순간을 놓치지 않고 칭찬하는 것이다.

"와, 우리 재용이, 인내심이 참 강하구나. 어떻게 그걸 참아낼 수 있었어? 엄마라도 못 했을 텐데……."

그러면 아이는 '어라, 내가 그렇게 인내심이 강한 아이였나?' 의아하게 생각한다. 처음에는 물음표였지만 다음에는 느낌표가 된다. 즉 '내가 인내심 강한 아이인가?'라는 의문이 '나는 인내심이 강한 아이니까 참아낼 수 있어!'라는 확신이 되는 것이다.

칭찬은 아이가 잘해서가 아니라 잘하리라 믿어서 하는 것이다. 그런 의미에서 아이 머릿속에 물음표를 만드는 칭찬은 아이 자신도 몰랐던, 숨어있는 잠재력을 일깨워주는 진짜 칭찬이다.

실패한 아이들에게도 보상은 필요하다

단 한 번의 실패에도 쉽게 무너지는 아이들

카네기 자녀 코칭 4단계에서 말하는 '보상'은 비전 달성에 성공한 아이들만의 것이 아니다. 실패한 아이들도, 아니 실패한 아이들이야말로 부모들에게 보상을 받아야 한다.

일본 최고의 공과 대학을 우수한 성적으로 졸업한 한 학생이 모교에서 마련해준 기회를 거절하고 세계적 기업 마쓰시다의 입사 시험에 응모했다. 그러나 최종 합격자 명단에 그의 이름은 없었다. 학생은 수치심과 분노에 괴로워하다 그만 수면제를 먹고 자살하고 말았다.

알고 보니 그는 수석 합격자였는데 전산 처리에 문제가 생겨 명단에서 누락되었던 것이다. 회사 인사 책임자는 그 소식에 아쉬움과 안타까움을 금치 못했다. 하지만 그룹의 총수였던 마쓰시다 고노스케의 반응은 달랐다. 학생이 젊은 나이에 세상을 떠난 것은 매우 애석한 일이지만, 회사가 그를 받아들이지 않게 된 것은 행운이라는 것이다.

"그 정도 좌절을 이겨내지 못한 것으로 보아 그 학생의 심리적 자질은 형편없으며, 만약 그런 심리적 자질로 회사의 중요한 자리에서 좌절을 만날 경우 다분히 충동적이고 비극적인 방법으로 일을 처리할 가능성이 크다. 그러면 회사에 막대한 손실을 초래하게 될 것은 불 보듯 뻔하다."

좌절과 실패를 견디지 못하는 아이들, 그래서 때로는 극단적인 선택을 하고야 마는 아이들이 우리 사회에도 있다. 해마다 수능 전후면 어김없이 성적을 비관한 자살 소식이 전해진다. 우수한 성적을 거두고도 가족이나 제 기대에 미치지 못한다는 이유로 자살을 선택하는 경우도 꽤 된다. 얼마 전에도 명문 외고생이 한강에서 투신해 자살했는데 원인은 역시 성적 비관이었다. 그 아이의 성적은 전교 400명 중 100등이었다고 한다.

비전 설정 후 열심히 달려온 아이들이 예상치 못한 실패를 경험하면 이런 일이 생길 수 있다. 스스로 목숨을 끊는 극단적인 선택을 하는 일은 흔치 않아도 크게 낙담해 스스로에게 실패자라는 낙인을 찍고 도전을 포기해버리는 경우는 많다. 특히 비전 설정 후 삶의 태도를 극적으로 바꾼 아이들일수록 더 힘들어한다. '역시 난 해도 안 되는 애야.'라는 좌절감과 자기비하에 빠져 쉽게 헤어나오질 못한다.

바로 이때가 카네기 자녀 코칭 4단계, 즉 보상이 필요한 순간이다. 비전을 달성하지 못한 아이에게 부모가 어떤 태도를 보이느냐에 따라 아이를 다시 일으킬 수도, 영영 주저앉힐 수도 있다.

"거봐라. 그러길래 엄마가 뭐랬어. 그런 식으로 하면 안 된다고 했지."

"그러니까 더 열심히 하지 그랬어."

"이제 와서 후회한들 무슨 소용이 있어. 이미 게임 오버야."

아이에게 자극을 준답시고 하는 이런 말은 오히려 아이를 더 깊은 좌절의 늪으로 밀어버릴 뿐이다. 아이를 늪에서 건져내려면 힐난이나 비난을 퍼부어서는 안 된다. 한 번의 실패가 영원한 실패는 아니라는 것을, 단지 목적지에 에둘러 돌아갈 뿐이라는 것을 애정을 담아 가르쳐줘야 한다.

비전의 마감일이 성공의 기준은 아니다

카네기 스쿨 수료생 중에 정수라는 아이가 있었다. 친구들과 어울리기만 좋아했지 공부에는 영 흥미가 없어서 엄마 속을 무던히 썩이던 아이였다. 하지만 카네기 스쿨에서 비전에 대해 배우면서 자신이 간절히 원하는 것이 무엇인지 깨달았다. 바로 가수가 되는 것이었다. 정수는 실용음악과가 있는 고등학교로 전학을 하기 위해 부모님을 설득하기 시작했다. 처음에는 완강히 반대하던 부모님도 전에 없이 진지한 정수의 태도에 감동해 마침내 허락을 해주셨다. 그렇게 학교까지 옮겨가며 열심히 노력했지만 안타깝게도 정수는 서울예대 실용음악과에 진학한다는 단기비전을 이루지 못했다. 준비 기간이 너무 짧았던 탓이다.

정수의 상실감은 말도 못하게 컸다. 예전 친구들과 다시 어울리며 PC방이며 술집을 전전했다. 그런 정수를 다시 붙들어준 것은 부모님이었다. 부모님은 정수에게 "이럴 거면 뭐하러 전학까지 했어?", "엄마가 쓸데없는 짓 하지 말고 그냥 공부나 하라고 했지?" 식의 말은 단 한마디도 하지 않았다. 대신 정수에게 이렇게 말해주었다.

"정수야, 너는 비전 달성에 실패한 게 아니야. 단지 시간이 더 걸리는 것뿐이야."

정수는 부모님의 응원과 격려에 힘을 얻어 재수를 결심했다. 비전을 포기하지 않는 한 결코 실패자가 아니라는 것을 깨달은 것이다.

비전은 마감일이 있어야 한다. 마감일이 없는 것은 그저 꿈일 뿐이다. 하지만 그렇다고 해서 마감일이 비전의 성패를 가르는 잣대는 아니다. 마감일 내에 비전을 이루면 성공, 그렇지 못하면 실패가 아니라는 말이다. 마감일은 그저 명확한 목표를 세워 효율적으로 접근하기 위한 도구에 불과하다.

정수의 사례만 해도 그렇다. 정수는 고3 졸업과 동시에 서울예대 실용음악과에 진학한다는 단기비전을 이루지 못했다. 그렇다고 가수가 되겠다는 정수의 비전이 실패한 것일까? 그렇지 않다. 부모님의 말씀대로 단지 시간이 더 걸릴 뿐이지 언젠가는 반드시 이루어질 비전이다.

비전으로 향하는 길에 직진만 있는 것은 아니다. 어떤 비전은 빙 돌아 에둘러서 조금씩 성취되기도 한다. 강렬한 비전에는 정신적 자동유도장치가 있어서 어떻게 돌아서든 반드시 도달하게 되어 있다. 그 도달하는 시점이 반드시 마감일일 필요는 없는 것이다.

여의도에 있는 한 중학교에서 전교 1등을 도맡아 하던 수영이는 동시통역사가 되는 것이 비전이었다. 그러기 위해 단기비전은 외고 진학으로 설정했다. 그런데 황당한 일이 벌어졌다. 국어 시험에서 답안을 하나씩 밀려 작성하는 어이없는 실수를 저지른 것이다. 중요한 내신을 망친 수영이는 결국 외고에 가지 못했다. 하지만 일반 고교에 진학해 여전히 전교에서 내로라하는 우등생으로 열심히 공부하고 있다. 외고에는 진학하지 못했어도, 동시통역사가 되리라는 비전은 이룰 수 있다는 걸 알기 때문이다.

지영이는 툭하면 지각하고 수업 태도도 불량한 아이였다. 그런데 중3때 카네기 스쿨에서 비전에 대해 배운 뒤로 난생 처음 비전이라는 걸 갖게 됐다. 바로 디자이너가 되겠다는 것이었다. 지영이는 너무 늦었다는 주변의 만류에도 불구하고 성실하게 미술학원을 다니며 예고 진학을 준비했다. 하지만 결국 예고 진학에는 실패하고 디자인특성학교에 입학하게 되었다. 그런 지영이를 늘 안타깝게 생각해오던 차에 얼마 전 지영이에게서 연락을 받았다. 한때 지영이는 예고 진학에 실패한 뒤로 세상이 다 끝난 것처럼 절망에 빠져 있었다고 한다. 그런데 훌륭한 디자이너가 되겠다는 꿈을 이루기 위해 조금 에둘러갈 뿐이라는 엄마 말씀에 용기를 냈단다. 그렇게 열심히 공부한 덕에 이번에 산업디자인 부문에서 대통령상까지 받게 되었다는 것이다.

하나의 문이 닫히면 또 하나의 문이 열린다는 말처럼 인생에는 셀 수 없이 많은 기회가 있다. 그 가운데는 처음 원했던 기회보다 더 큰 역전의 기회도 분명 있다. 지금 당장 비전을 이루지 못했다 해도 아이들은 실패한 것이 아니다. 더 큰 성공을 위해 웅크리고 있다고 봐야 한다. 그러니 실패한 아이에게 말해주자. 너는 비난받을 짓을 한 게 아니라 칭찬받아 마땅하다고, 그간의 노력과 집중력에 대해 정말 자랑스럽게 생각한다고 말이다. 부모의 이런 인정과 격려가 아이에게는 최고의 보상이자 성공에 이르게 하는 마법의 주문이다.

엄마의 러브레터, 아이에게 쓰는 감사 카드

말로 표현 못했던 속마음, 이제 글로 전하자

우리는 속정은 커도 표현에는 미숙했던 부모 밑에서 자란 세대다. 귀한 자식일수록 엄하게 키워야 한다는 교육관이 팽배했던 때라 칭찬보다는 꾸중을 많이 들으며 자랐다. 그래서인지 부모가 되어서도 아이에게 마음을 표현하기가 참 어렵다는 엄마들이 많다. 속마음은 안 그런데 자꾸만 "공부나 해라", "네가 하는 짓이 다 그렇지, 뭐"라고 기죽이는 말만 하게 된다는 것이다.

보상이나 칭찬의 말이 얼마나 중요한지 잘 알면서도 막상 실천을 못하고 있다면 간단한 해결책이 있다. 아이에게 편지나 카드를 써보는 것이다. 알다시피 편지는 평소 전하지 못했던 속마음을 표현하는 가장 좋은 수단이다. 얼굴을 마주하고서는 엄두도 못 냈던, 낯간지럽고 쑥스러운 말도 비교적 쉽게 전할 수 있다.

사랑하는 딸 은지에게

네가 처음 ○○여중에 입학했던 게 엊그제 같은데 벌써 졸업이구나. 엄마는 네 이름을 떠올리면 기쁘기도 하고 슬프기도 하고 때론 정말 미운 감정이 들기도 했어.

너는 초등학생 때까지 늘 우수한 아이였지. 그래서 엄마 아빠는 네가 그 자리에서 변함없이 자라는 나무일 거라 생각했었단다. 하지만 중학교 1학년 여름부터 기대에 못 미치는 네 기말고사 성적 때문에 엄마 입에서 나오는 모든 말은 '공부'로 시작해 '공부'로 끝나게 됐어. 네 관심이 공부보다는 친구에, 연예인 관련 기사에, 유행가에 쏠려 있는 것이 못마땅했던 거야.

그러다 2학년 여름에 폭풍이 몰아닥쳤어. 허락도 없이 교복 치맛단을 짧게 줄여 입은 널 보자 엄마는 숨이 턱 막혔단다. 네가 금방이라도 문제아가 되어 무슨 일이라도 벌일 것만 같았어. 너는 엄마한테 항변했지. 너만 그러는 거 아니라고, 다른 친구들도 다 이렇게 줄여 입는다고. 하지만 엄마는 배신감에 치를 떨면서 당장 네 손을 잡아끌고 새 교복을 사러 갔어. 시험 감독하러 학교에 갔더니 정말 네 말대로 친구들 교복치마는 훨씬 더 짧더구나. 하지만 엄마한테는 치마 길이가 중요한 게 아니었어. 너와 엄마 사이에 보이지 않는 벽이 생기는 것 같아서 속상했던 거야.

이후 엄마는 너와의 벽을 없애보려고 나름대로 많이 노력했단다. 한강 유원지에서 함께 식사도 하고, 동대문에 쇼핑도 하러 가고, 비비크림도 같이 골라가며 엄마로서 최선을 다한다고 생각했지. 그러면서 나는 이렇게 노력하는데 왜 너는 변하지 않을까, 너무나 속상해서 이불을 뒤집어쓰고 울기도 했단다.

은지야, 너의 중학교 3년이 엄마한테는 왜 그리 힘들고 쓸쓸한 시간이었을까. 너와 엄마는 엄연히 다른데, 엄마 혼자 똑같을 거라 생각하면서 너를 내 쪽으로 잡아당기려고만 했었나 보다. 이런 엄마 때문에 은지 너도 많이 속상하고 힘들었지? 정말 미안해.

몇 달 후면 고등학생이 되는 우리 은지야, 넌 항상 우리 집 큰딸 역할을 톡톡히 해왔는데 엄마가 고맙다는 표현을 많이 못 했어. 울타리 크게 벗어나지 않고 중학교 3년 보내준 거, 정말 대견하고, 많이 고맙다. 사랑해.

– 사랑하는 엄마가

이 편지는 자녀 코칭 세미나에 참여했던 한 엄마가 실제 작성한 것이다. 자녀 코칭 세미나에서 이 편지를 소개할 때면 교실은 금세 눈물바다가 된다. 그만큼 은지 엄마의 편지에 절절하게 공감하는 엄마들이 많다는 뜻이리라.

이 엄마의 편지처럼 그저 솔직한 마음을 담으면 된다. 아이가 엄마의 진심을 느낄 수 있다면 그게 바로 좋은 편지다. 만일 분량이 부담스럽다면 편지 말고 카드를 써도 좋다.

사랑하는 동우야.
엄마가 우리 동우를 사랑하는 만큼 표현을 잘 못했던 것 같아. 너한테 잔소리만 하고 상처 주는 말만 한 거, 잘 아는데도 고치기가 쉽지 않네. 앞으로 노력하는 엄마가 될게. 사랑한다.

사랑하는 연수에게.
항상 밝고 책임감도 많은 우리 딸, 연수야. 늘 칭찬하고 또 칭찬하고 싶었는데 마음이랑 다르게 야단만 치고 공부하라고만 해서 미안해. 마음씨 고운 우리 딸이 실력도 최고가 될 거라고 엄마는 믿어. 늘 응원할게.

사랑하는 영진이에게.
엄마가 요즘 너한테 짜증을 많이 냈지? 엄마는 네 생각만 해도 절로 미소가 지어지는데도 그 마음을 표현하지 못했어. 엄마가 더 많이 노력할게. 우리 서로 더 많이 사랑하자.

편지나 카드 외에 아이 얼굴 그리기도 매우 효과적인 방법이다. 처음에는 아이도 엄마도 조금 쑥스러울지 모른다. 하지만 아이의 얼굴을 찬찬히 5분 이상 들여다본 적이 언제였는지를 떠올려보라. 바쁘다는 핑계로, 늘 곁에 있다는 생각으로 세상에서 가장 사랑하는 내 아이의 얼굴을 정작 제대로 마주한 적이 없다는 사실을 깨닫게 될 것이다.

편지나 카드를 쓰며 흘리는 엄마들의 눈물은 그동안 마음속에 담아만 두고 표현하지는 못했던 감정들이 얼마나 많았을지 짐작케 한다. 아마 아이도 느낄 것이다. 아이에게 채 전하지 못했던 미안함과 고마움, 짧은 글에 채 담지 못한 엄마의 크고 깊은 마음을.

우리에게 주어진 시간 동안 해야 할 일들

자녀 코칭 세미나를 진행하면서 내가 늘 마지막으로 소개하는 사연이 있다. 양희은 씨가 진행하는 라디오 프로그램 〈여성시대〉에 한 애청자가 보낸 사연이다. 간암 말기 환자 추희숙 씨가 여섯 살 난 아들의 생일을 며칠 앞두고 쓴 편지인데, 병마와 싸워가며 사흘에 걸쳐 썼다고 한다.

사랑하는 아들 희제에게.

엄마는 벌써 세 번의 봄을 병상에서 맞는구나. 요즘은 통증이 너무 심해 진통제 주사로 겨우 버티지만 네 이름을 주문처럼 외면서 이겨

내자고, 힘을 내자고 다짐한단다.

(중략) 다가올 4월 16일이면 너는 여섯 살이 되는구나. 엄마가 아파하면 쪼르르 달려와 금붕어처럼 입술을 오므리며 호호 입김을 불어주던 우리 희제. 병원에 올 때면 집 화단에 핀 장미며, 라일락, 소국, 동백 등을 꺾어와 유리병에 꽂아주며 환하게 웃고, 새해 첫날 떠오르는 해를 보며 엄마 빨리 낫게 해주세요, 하고 소원을 빌었다던 우리 희제…….

(중략) 한창 엄마 사랑이 필요할 나이에 엄마와 떨어져 생활하는 네 조그만 가슴에 얼마나 큰 슬픔이 들어있을까. 하지만 아들아, 엄마가 네 곁에 없더라도 너무 슬퍼하면 안 돼. 엄마 생각은 조금만 하고 늘 밝은 마음으로 세상을 보렴. 아니야, 엄마는 꼭 나아서 너와 함께 살고 싶어. 희제야, 여섯 번째 생일을 축하해. 우린 꼭 함께 살게 될 거야.

– 2001년 엄마가.

추희숙 씨는 이 편지를 쓴 이듬해 세상을 떠났다.

다행히도 우리에겐 아직 아이들과 보낼 많은 날들이 남아 있다. 때론 아이가 밉고 서운하고 원망스럽더라도 그렇게 부대끼며 살아갈 날들이 있다. 앞으로 아이와 함께할 날들에 부모의 변화한 모습을 보여줄 수만 있으면 된다. 이미 이 책을 읽은 것만으로도 부모에게 작은 변화가 시작되었을 거라 믿는다.

하지만 부모들은 이 책에서 제안하는 코칭 방법을 항상 적용하지는 못할 것이다. 명색이 한국카네기연구소 청소년본부장인 나 역시 딸아이를 키우면서 늘 카네기 자녀 코칭에 충실한 건 아니다. 하지만 우리가 명심해야 할 것이 있다. 이 책은 지식을 얻으려는 게 아니라 새로운 습관을 기르려는 목적으로 읽는 것이다. 알다시피 좋은 습관은 결코 쉽게 생기지 않는다. 10년 넘게 잔소리와 꾸중만으로 아이를 키우다가 카네기 자녀 코칭이라는 새로운 습관으로 갈아타기란 결코 쉽지 않다. 따라서 시간과 끈기, 꾸준한 연습이 필요하다.

카네기가 그의 저서에서 누누이 강조했던 대로 나 역시 독자들이 이 책을 곁에 두고 자주 읽고, 마음에 반복해 새기고, 실천하길 바란다. 지식만으로는 아무 것도 달라지지 않는다. 오로지 실천만이 부모와 아이를 변화시킬 수 있다.

감사 카드

예쁜 엽서를 활용하여 아이에게 미처 전하지 못한 진심을 적어보세요.

카네기 자녀 코칭 학부모 세미나에서 어머니들이 실제로 작성한 감사 카드를 참고하세요.

Thank You

커가면서 더욱 의젓하고 멋있어지는 상현아 ~♡

요즘 울 아들이랑 같이 다니면 얼마나 든든한지 아니?

엄마가 평소에 밝은 기운을 많이 못준것 같아서

많이 미안해 지는구나. 하지만 이 세상에서 상현이가

가장 소중한 사람이라는 사실을 말해주고 싶단다.

지금보다 아니 지금처럼만 잘 자라거라 ~.

엄마도 하루하루 더 나은 삶을 위해 노력할께.

사랑하는 울 아들 상현에게 엄마가.

Thank You

사랑하는 아들. 상현

쑥쑥 커가는 상현이 보면 항상 흐뭇해.

엄마, 아빠가 생각하는거 보다 훨씬 잘 자라주고 있다는 생각한다

책도 많이 읽고. 남들하는 나쁜 말도 않고. 반듯하게 자라주고 있어.

형제가 없어 외로울텐데도 책이며, 운동이며. 친구들하고 잘 지내주고 있어.

아빠는 그렇다. 공부며 뭐든 살아가면서 참 필요한데.

지금처럼 반듯하고 정직하게 살아가는게 많이 중요한거 같에

중학교 올라가고 더 힘들어지더라도 같이 잘 해보자.

상현이한테 더 가깝게 다가가도록 노력할께. .... 사랑하는 아빠가.

Thank You

사랑하는 아들 호근아!

Happy boy 호근. 항상 해맑은 네 모습이 좋아.

엄마 곁에서 잘때 생각 많이 한단다. 언제까지 이런 모습으로

같이 할수 있을까. 네가 이제 곧 성인이 될텐데 하면

걱정 서너의 눈뜨면 잔소리 하기 시작하지 미안...

많은 것, 미래의 걱정은 접어두께 잘 될꺼야

호근이 생각만 하면 코가 찡해져. 사랑해 엄마가

2012. 10. 13

Thank You

사랑하는 준석아,

오늘 아침에 준석이가 자는 모습을 보면서 엄마는 생각했어.

준석이가 엄마의 아들로 이세상에 와서 이렇게 새근새근 예쁘게

자는 그 모습만으로도 엄마는 얼마나 감사하고 행복한지,

준석이 아기때는 그런 생각을 참 많이 했는데, 어느 순간부터인가

준석이에게 엄마가 바라는게 너무 많아져서 너를 힘겹게 한건

아닌지 모르겠구나. 엄마는 준석이가 엄마 곁에 있다는

건강하게 잘 자라고 있다는, 게다가 열심히 공부하고

자기몫을 다하기 위해 최선을 다하고 있다는 것을

늘 감사하고 또 감사하며 이 마음 잊지않고 오래오래 우리아들과 좋은엄마, 좋은아들로 지낼거야

Thank You

사랑하는 경윤이에게!

엄마가 요즘 칭찬보다 경윤이에게 잔소리를 많이 해서
힘들게 했지? 엄마가 너에 대한 욕심이 너무 과했나봐.
경윤이가 엄마 아들이지만 넘 멋있고 잘하는게 많아서
더 잘키우고 싶은 마음에 널 힘들게 했구나. 미안하다. 진심으로...
우리 경윤이가 학교생활을 넘 잘보내고. 요즘 공부도 잘하고
운동도 잘하고... 경윤아. 엄마가 많이 노력할께
더 멋진. 훌륭한. 쿨~한 엄마가 되기 위해.
항상 노력할께. 사랑해. 경윤아. 너무 많이. 엄마가

Thank You 사랑하는 울 아들 기연이에게.

아빠·엄마는 기연이를 너무 자랑스럽게 생각한단다.
항상 바쁜 일과에 함께 하는 시간이 없음에도 동생과
즐겁게 다툼없이 지내는 너의 대견스런 모습이 너무도
자랑스럽단다. 가끔 너의 행동을 보면서 꾸지람하는 아빠
의 모습을 떠올려 보면 미안한 마음이 앞서는구나!
웃는 너의 모습을 생각하면 아빠의 마음은 기쁘기 그지
없다. 아빠는 항상 너와 많은 이야기를 하고
싶단다. 아빠도 노력을 많이 해보려고 한다.
우리 서로 사랑하는 가족이 되도록 노력하자. 사랑한다 아빠!

Bonus Page

아이의 실수를 현명하게 일깨우는 8가지 방법

1 칭찬과 감사의 말로 시작하라.

치아를 뽑을 때 마취부터 하듯 아이의 실수를 지적할 때는 먼저 칭찬부터 해야 한다. 아이 성적이 안 나왔다 해도 그 사실을 지적하기에 앞서 "네가 이번 중간고사를 위해 많이 노력했다는 걸 엄마도 잘 알아."라고 말해주는 것이다. 부모가 칭찬과 감사의 말을 통해 공감과 이해를 전달하면 아이는 부모의 지적을 기꺼운 마음으로 귀 기울여 듣게 될 것이다.

2 실수를 간접적으로 지적하라.

아이의 잘못을 지적하고 싶다면 우선 칭찬부터 하되 곧바로 '그러나' 또는 '그런데'라고 하지 말고 '그리고'라고 말해라. "이번 학기에 성적이 많이 올랐구나. 그런데 수학 성적은 떨어졌으니까 더 열심히 해야겠네."라고 하면 아이는 평균이 올랐다는 칭찬보다 수학 성적이 떨어졌다는 비난에 더 주의를 기울인다. 하지만 "이번 학기에 성적이 많이 올랐구나. 그리고 수학에만 더 신경 쓰면 다음에는 훨씬 좋은 성적이 나오겠다." 한다면 어떨까. 실수를 지적했지만 비난이 아닌 격려의 말이 되었다. 이렇게 아이의 실수를 간접적으로 지적하는 것이 직접적으로 비난하는 것보다 훨씬 효과적이다.

3 부모의 실수를 먼저 인정하라.

아이에게 자극을 준답시고 "엄마는 학교 다닐 때 전교 1등만 했어. 성적표 보여주랴?"라고 말해봤자 아이의 반항심만 부채질할 뿐이다. 그보다는 "엄마도 학창시절에는 공부가 참 하기 싫더라. 그래서 엄마는 네 마음 충분히 이해해."라고 말해야 아이가 엄마 말에 귀 기울이게 할 수 있다. 야단치는 부모가 자신 또한 완벽한 사람은 아니라는 점을 인정하면 아이도 꾸중을 거북하게 받아들이지 않는다.

4 명령하지 말고 요청하라.

사춘기 아이에게 "잔소리 말고 엄마 말대로 해."처럼 직접적으로 명령하는 말을 해서는 안 된다. 진정으로 아이의 행동에 변화가 생기길 바란다면 명령 말고 더 효과적인 방법을 찾아야 한다. 그것은 바로 아이의 의견을 묻고 협조를 요청하는 것이다. "이렇게 생각해볼 수도 있지 않을까?", "이 점에 대해서 넌 어떻게 생각하니?"라고 말하면 아이의 반발 대신 협조를 얻게 된다.

5 아이의 체면을 살려주어라.

"네가 하는 짓이 뻔하지, 뭐", "엄마 말 안 듣더니, 내 그럴 줄 알았다" 식의 말은 아이를 무능력한 사람으로 만든다. 자의식이 강하고 예민한 사춘기 아이들에게는 자존심과 자존감을 살려주는 것이 무엇보다 중요하다. 따라서 잘못을 지적할 때도 아이의 체면을 살려줘야 한다. 특히 형제나 남들 앞에서 아이를 꾸짖는 행동은 절대 금물이다. 칭찬은 크게, 비난은 조용히 하라는 말을 늘 기억하라.

6 작은 진전에도 칭찬을 잊지 마라.

아이의 평균 점수는 올랐는데 수학 성적만 떨어졌을 때, 대부분의 부모들은 어떻게 할까? 아마도 수학 성적이 떨어졌다는 사실을 지적하면 다음에는 더 좋은 성적을 거둘 수 있으리라 생각할 것이다. 하지만 아이를 변화시키는 것은 비난이 아니라 칭찬이다. 아이는 수학 성적이 떨어졌다고 지적할 때보다 평균 점수가 올랐다고 칭찬할 때 더 열심히 공부할 수 있다. 부모의 눈은 아이의 단점이 아니라 장점을 발견할 줄 알아야 하고, 입은 비난이 아니라 칭찬을 담아야 한다는 사실을 잊지 말자.

7 아이를 높게 평가하라.

아이에게 무능하다거나 재능이 없다거나 모든 일이 잘못되어 있다고 말한다면 아이는 그 어떤 일에도 의욕을 갖지 않게 될 것이다. 그러나 반대로 아이를 격려하고 믿어준다면 아이는 부모의 기대에 부응하기 위해 성공할 때까지 꾸준히 노력한다. 따라서 빈말이라도 "그 실력으로 뭘 한다고" 식의 말을 해서는 안 된다. 언제나 아이의 가능성과 잠재력을 믿어주고, 아이를 높게 평가해주어야 더 멀리, 높이 나는 아이로 키울 수 있다.

8 실수는 고치기 쉽다는 걸 알게 하라.

한 번의 실수로 인생이 크게 잘못되는 일은 없다. 하지만 사춘기 아이들에게는 어떤 일이 되돌릴 수 없는 크나큰 실수처럼 느껴지기도 한다. 그래서 때로는 단 한 번의 실패를 견디지 못하고 스스로 목숨을 끊는 극단적인 선택을 하기도 한다. 실수로 괴로워하는 아이를 보듬어줄 사람은 다름 아닌 부모다. 아이의 실수를 절대 비난하지 말고, 대신 감싸주어야 한다. 그리고 실수는 누구나 할 수 있고, 의외로 쉽게 바로잡을 수 있다는 사실을 알려주어야 한다.

모든 청소년들이 비전 카드를 갖게 되는 그 날까지!

서른 살에 처음으로 비전을 만난 뒤 내 인생은 크게 달라졌다. 그러니까 멀리서 찾을 것도 없이 바로 나 자신이 비전의 기적을 경험한 증인이다.

예를 들자면, 카네기 스쿨에 스타 마케팅을 도입하겠다는 비전을 세운 적이 있다. 더 많은 아이들에게 비전을 갖게 하기 위해 더 효과적인 마케팅 수단을 강구하다가 스타 마케팅에까지 생각이 미친 것이었다. 하지만 굳이 돈까지 들여 유명 인사의 아이들을 '모셔 오는 것'이 과연 바람직한지 회의가 생겨 선뜻 추진하지 못하고 있었다.

그런데 바로 얼마 전 우연하게 기회가 찾아왔다. 유명 탤런트 K씨가 주변 사람들의 추천으로 중학교 2학년짜리 아들을 카네기 스쿨에 데려온 것이다. 아들의 교육 과정을 관심 있게 지켜본 그녀는 크게 만족감을 표하면서 평소 잘 알고 지내는 여러 연예인 부모들에게 카네기 스쿨을 적극 추천하겠다는 의사를 밝혔다. 그야말로 비용을 들이지 않고 스타 마케팅을 하게 된 것이다.

내가 세운 또 다른 비전은 중국 진출이었다. '2013년 5월 15일'이라고 날짜를 표기한 내 비전 카드에는 이런 내용이 적혀 있다.

'나는 지금 3000명의 중국 부모와 학생들에게 비전 카드에 대해 강의하고 있다. 카네기 스쿨은 이제 중국에서도 선풍적인 인기를 끌며 세계적인 사회적 기업으로 성장하고 있다. 전 세계 모든 청소년들이 우리 교육 프로그램을 통해 비전과 열정을 키우고 있다는 사실이 매우 자랑스럽다.'

그런데 이 비전이 내년쯤에 정말로 실현된다.

이 책의 집필 역시 비전에 따른 것이었다. 2012년 안에 카네기 자녀 코칭에 관한 책을 출판하겠다는 비전을 세웠는데 정말로 이루어졌다. 요즘 중국에서 우리나라의 교육 방법에 무척 관심이 많다고 하니 조만간 이 책이 중국 부모들에게 읽힐 날도 반드시 오리라 생각한다.

돌아보면 내가 세운 비전이 반드시 바라던 시기에 이루어진 것은 아니었다. 하지만 언제가 되었든 어떤 방법으로든 반드시 현실이 되었다. 비전을 가지면 삶을 주도적으로 이끌 힘을 갖게 되고, 끝내 비전을 이루게 된다는 것을 누구보다도 잘 알고 있기에 확신을 갖고 아이들에게도 비전을 품으라고 말할 수 있었다.

이제껏 크고 작은 여러 비전을 꿈꾸었고 이루었던 내가 정말로 간절히 바라는 비전이 또 하나 있다. 바로 우리나라 모든 청소년들이 지갑 속에 비전 카드를 갖고 다니는 것이다. 그래서 자기주도적이고 열정적인 태도로 새로운 삶을 살게 하는 것이다.

어쩌면 이 책은 그 비전을 향한 첫 걸음인지도 모르겠다. 첫 걸음을 뗀 이상 나의 비전은 반드시 이루어질 거라 믿는다. 지금껏 그래왔던 것처럼 비전이 내게 힘을 주고 길을 내줄 테니까 말이다.

: 카네기 스쿨 프로그램 소개 :

	청소년 카네기 코스 Dale Carnegie Course For Next Generation	청소년 행복 캠프 Happy Camp For Next Generation	청소년 스피치 코스 Carnegie Speech Course For Next Generation
목표	글로벌 리더로의 역량개발	친구관계 및 행복 향상	말하기 & 인터뷰 능력 향상
내용	비전(꿈) 설정, 자신감 증진, 우호적 인간관계 형성, 커뮤니케이션 스킬 함양, 걱정 & 스트레스 조절	관계지향적 사고의 함양, 행복한 인간관계를 위한 사회성 개발, 주변과 함께하는 리더십 역량개발	긍정적 이미지 연출, 비전과 가치관 말하기, 건설적 의견제시, 면접에 대처하는 법
대상	초등 5, 6학년, 중학생, 고등학생	초등 5, 6학년, 중학생	중학생, 고등학생
기간	프리미엄 : 3일(24시간) 집중반 : 2일(16시간)	4박 5일 (숙박)	1일 (8시간) 비디오 촬영
방법	 Learning by Doing	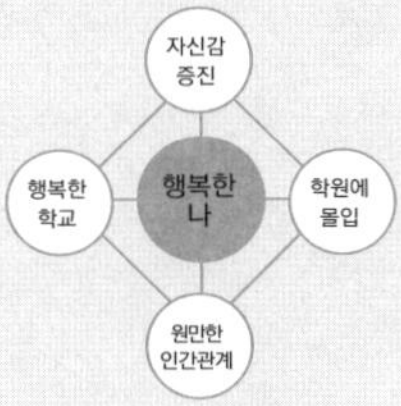 Doing for Happy	 Magic Formula

My Vision Statement

20 년 월 일

나는 지금 ______________________

____

____

____

____

카네기트레이닝 | 카네기연구소
www.carnegie.co.kr

20 년 월 일

이름 서명

My Vision Statement

20 년 월 일

나는 지금 ______________________

____

____

____

____

카네기트레이닝 | 카네기연구소
www.carnegie.co.kr

20 년 월 일

이름 서명

GIFT CERTIFICATE

카네기스쿨 수강 상품권

50,000

DALE CARNEGIE® TRAINING

My Vision Statement

20 년 월 일

나는 지금 ______________________

____

____

____

____

카네기트레이닝 | 카네기연구소
www.carnegie.co.kr

20 년 월 일

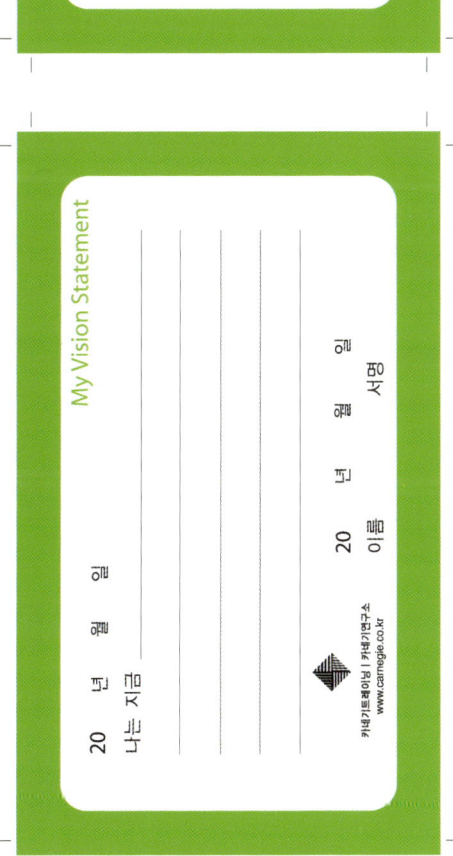

이름 서명

My Vision Statement

카네기트레이닝 | 카네기연구소
www.carnegie.co.kr

My Vision Statement

카네기트레이닝 | 카네기연구소
www.carnegie.co.kr

My Vision Statement

카네기트레이닝 | 카네기연구소
www.carnegie.co.kr

■ 상품권 이용안내

1. 본 상품권은 카네기스쿨 과정에서만 이용하실 수 있습니다.
2. 본 상품권은 1일 1매로 사용 가능합니다.
3. 본 상품권은 비매품으로 현금으로 교환되지 않습니다.
4. 본 상품권에 대한 문의사항은 아래의 문의처로 연락주시기 바랍니다.

- 주소 : 서울시 강남구 역삼동 739-17 카네기빌딩 3층
- 전화 : 02-555-3478
- 홈페이지 : www.carnegieschool.co.kr
- 유효기간 : 2013. 3. 8 ~ 2014. 3. 8